普通高等教育“十三五”规划教材

地下水数值模拟基础

主编　南京大学　吴吉春　曾献奎　祝晓彬
主审　吉林大学　卢文喜

中国水利水电出版社
www.waterpub.com.cn
·北京·

内 容 提 要

本书系统地讲述了地下水数值模拟方法的基本原理、求解过程、常用软件及实例应用。全书共分七章，第一章主要介绍地下水数值模拟方法的概念及特点；第二章主要讲解有限差分法的基本原理及求解过程；第三章着重讲述有限单元法的基本原理及求解过程；第四章主要介绍反求模型参数的数值方法；第五章主要讲解地下水数值模拟中的不确定性及其处理方法；第六章主要介绍地下水数值模拟常用软件 GMS 及其使用；第七章以海水入侵的实例研究展示了地下水数值模拟的一般过程，通过实践练习，达到学以致用的目的。

本书可作为水文与水资源工程、地下水科学与工程、水利工程、环境工程等专业的本科教材，也可供水文地质科研人员、工程技术人员参考。

图书在版编目（CIP）数据

地下水数值模拟基础 / 吴吉春，曾献奎，祝晓彬主编. -- 北京 : 中国水利水电出版社，2017.12
普通高等教育“十三五”规划教材
ISBN 978-7-5170-6186-1

Ⅰ. ①地… Ⅱ. ①吴… ②曾… ③祝… Ⅲ. ①地下水－数值模拟－高等学校－教材 Ⅳ. ①P641.2

中国版本图书馆CIP数据核字(2017)第326214号

书　　名	普通高等教育“十三五”规划教材 **地下水数值模拟基础** DIXIASHUI SHUZHI MONI JICHU
作　　者	主编　南京大学　吴吉春　曾献奎　祝晓彬 主审　吉林大学　卢文喜
出版发行	中国水利水电出版社 （北京市海淀区玉渊潭南路 1 号 D 座　100038） 网址：www.waterpub.com.cn E-mail：sales@waterpub.com.cn 电话：（010）68367658（营销中心）
经　　售	北京科水图书销售中心（零售） 电话：（010）88383994、63202643、68545874 全国各地新华书店和相关出版物销售网点
排　　版	中国水利水电出版社微机排版中心
印　　刷	三河市鑫金马印装有限公司
规　　格	184mm×260mm　16 开本　6.25 印张　148 千字
版　　次	2017 年 12 月第 1 版　2017 年 12 月第 1 次印刷
印　　数	0001—3000 册
定　　价	**18.00** 元

前言

随着地下水流基础理论的完善和计算机技术的不断发展，数值模拟技术日趋成熟，地下水数值模拟已成为现代地下水环境定量评价的最重要技术手段之一，在国内外被广泛应用于地下水动态监测、地下水环境演化、地下水资源评价等研究中，相关的数值模拟软件也得到不断的发展和推广。

地下水模型的求解方法有解析法、数值法和物理模拟法。数值法是目前求解模型所用的主要方法，常用方法有：有限差分法（FDM）、有限单元法（FEM）、边界元法（BEM）和有限分析法（FAM），以及由此而发展的特征有限单元法和特征有限差分法，其中最常用的方法为有限差分法和有限单元法（王浩等，2010）。

有限差分法对计算区域进行网格剖分，以差商代替导数，将偏微分方程离散为差分方程，初始条件和边界条件也作相应处理，最后将定解问题转化为一个代数方程组的求解问题。有限差分法有以下优点：数学表达式简单直观、算法效率较高、运算速度快、占用内存少、应用案例多，可供参考的案例丰富等。有限差分方法被广泛应用于孔隙介质、裂隙介质及岩溶介质的地下水流及溶质运移模型的求解，取得了良好效果。但有限差分法难以处理复杂的边界条件和含水层系统，且在溶质运移模拟中求解精度不够高。Visual MODFLOW 是基于有限差分法的数值模拟软件之一。

有限单元法的基本思想是把计算区域剖分为有限个互不重叠的单元，在每个单元内，选择一些合适的节点作为求解函数的插值点，将微分方程中的变量改写成由各变量或其导数的节点值与所选插值函数组成的线性表达式，借助变分原理或加权余量法，将微分方程离散求解。有限单元法有以下优点：对地下水流、溶质运移及热量运移模型的计算过程基本相同，能实现不同模型间的耦合模拟、能处理复杂边界条件和含水层系统、可按不同的精度要求采用不同的单元剖分方式和插值函数。同有限差分法一样，有限单元法不仅可以对孔隙、裂隙及岩溶地下水系统进行模拟，还可对变密度流（如海水入侵）等进行模拟。但该方法也存在着计算量大、占用内存多、计算时间较长等问题。FEFLOW 是基于有限单元法的数值模拟软件之一。

边界元法将控制方程转化为边界积分方程，再用有限单元法的思想和方法处理边界积分方程。该方法在研究区内满足控制方程，在边界上只是近似满足边界条件。边界元法的优点是：计算精度较高、对于无限区域的模拟效果较好。但边界元法同时存在着一些限制，如计算量较大、计算时间较长等（薛禹群和谢春红，2007）。有限分析法的基本思想是将控制方程的局部解析解组成整体的数值解。由于有限分析数值解可以较好地保持原有问题的物理特性，通过自动调节有限分析系数来体现对流与扩散效应，因此可得到单调无振荡解，数值稳定性好。自该方法问世以来，便被众多学者应用于地下水研究中，是目前比较热门的数值模拟方法之一（张在勇等，2016）。

随着计算机技术的发展，国内外相继开发了一系列地下水数值模拟软件。这些软件凭借其具有模块化、可视化、交互性、智能化、求解方法多样化等特点，简化了建模过程，并能用于优化、预测及数据分析等。经过不断发展和完善，这些软件得到了广泛应用（孙从军等，2013）。当前常见的软件平台包括 Visual MODFLOW、FEFLOW、GMS、Visual Groundwater、Processing MODFLOW、HydroGeo Analyst、Groundwater Vistas、WHIUnSat Suite、ArcWFD 等，其中最常用的是 Visual MODFLOW、FEFLOW、GMS 等。尽管各模拟软件都在不断升级模块，扩大应用领域，但面对错综复杂的地质条件和不断变化的研究对象，每款软件都不可能适用所有地下水问题。因此，要根据研究区实际情况、实际需求选择合适的软件。

地下水数值模拟被广泛用于地下水水流与水质相关问题的研究。对于地下水流数值模拟，包括研究制定合理可行的地下水开采方案（Froukh，2002；祝晓彬等，2005；李平等，2006）、分析地下水开采对地区生态环境的影响（Gurwin 等，2005）、模拟工程建设后对地下水流场的影响（邵景力等，2003）、预测不同情景模式下的地下水流场演化过程（陈皓锐等，2012）。对于地下水污染数值模拟，包括场地石油类污染物渗漏污染羽的运移扩散模拟及修复方案研究（王丹，2009；Haest，2010）突发性事故的污染评价（张楠等，2012）。此外，地下水数值模拟还用于预测不确定性分析（Rojas 等，2008）、污染源识别（Ayvaz，2010）、风险评价等方面（Shammas 和 Jacks，2007）。

结合当前国内外研究现状，地下水数值模拟有以下几方面的发展趋势：

（1）鉴于 3S 技术（RS、GIS 和 GPS）强大的时空数据获取、分析及处理功能，地下水数值模拟与 3S 技术的结合将是未来发展的趋势（孙从军等，

2013）。

（2）随着近年来地球物理及地球化学技术的发展，地质雷达技术、电阻率层析成像技术、高密度电阻率探测法、环境同位素等先进技术将逐渐应用于地下水系统的信息获取。

（3）参数尺度效应问题、裂隙水问题、溶岩大孔隙流问题、多重介质问题、多重过程耦合问题等，均需要发展新的数值模拟方法，目前已经成为地下水领域的研究热点（王浩等，2010）。

（4）与多学科交叉融合。地下水数值模拟与地质学、地球化学、地表水文学、地貌学、土壤学、大气科学、生物学、生态学、数学以及社会学的联系将日趋紧密，从而有利于综合解决越来越复杂的流域水环境问题（中国地下水科学战略研究小组，2009）。

作　者

2017年11月

目　录

第一章　地下水数值模拟概述

一、概述

地下水是一种重要的天然资源，它是许多地方工农业、居民生活的重要或者主要水源，有时甚至是唯一的供水水源。近几十年来日益加剧的人类活动对地下水资源的质和量造成了许多负面影响，如过量开采地下水引起的水资源枯竭、海水入侵、地面沉降，“三废”不注意排放造成地下水受到不同程度污染，等等。评估人类活动对地下水质和量的影响，评价地下水资源，预测地下水污染发展趋势，选择最佳防治措施，合理开发地下水，以便可持续地利用地下水资源等当代迫切需要解决的问题，都需要借助于求解地下水流模型和溶质运移模型才能找到比较满意的解答。

模型的种类很多，在地下水研究中常用的有物理模型和数学模型两大类。物理模型以模型和原型之间的物理相似或几何相似为基础，如用渗流槽直接模拟地下水流。数学模型则以模型和原型之间在数学形式上的相似为基础，实际上就是一组能够刻画实际系统内所发生物理过程的数量关系和空间形式的数学关系式（包括数学方程和定解条件）。数学模型可分为确定性模型和随机模型两类。前者出现在模型中的参数都取确定的值；后者模型中含有随机变量。本教材仅针对确定性模型。数学模型又可分为相对比较简单、描述系统特征的参数不随空间坐标变化的集中参数模型，以及相对比较复杂、描述系统特征的参数随空间坐标变化的分布参数模型。一般来说，集中参数模型由常微分方程来表达，而分布参数模型则需要用偏微分方程来表达。对研究地下水流问题和包括地下水污染问题在内的溶质运移问题来说，分布参数模型更为适用。本教材讨论的地下水模型主要针对地下水流问题的分布参数数学模型。

一般可以用两种方法去获得一个描述实际问题数学模型的解：解析法和数值法。用解析法求解数学模型可以得到解的函数表达式。应用此函数表达式可以得到所求未知量（如水头、浓度等）在含水层内任意时刻、任意点上的值。解的精度高，因而称为精确解或解析解。但它有很大的局限性，只适用于含水层几何形状规则、性质均匀、厚度固定、边界条件单一的理想情况，《地下水动力学（第三版）》（薛禹群和吴吉春，2010）中讨论的主要属于这种情况。实际水文地质问题一般比较复杂，如边界形状不规则、含水层是非均质甚至是各向异性非均质的、含水层厚度变化，甚至有缺失的情况。对于一个描述实际地下水系统的数学模型来说，一般都难以找到它的解析解，只能求得用数值表示的在有限个离散点和离散时段上的近似解，称为数值解。求数值解的方法称为数值法。在计算机上用数值法来求数学模型的近似解，以达到模拟实际系统的目的就称为数值模拟。

和其他方法比较，数值法有很多优点，主要有：①模拟在通用计算机上进行，不需要像物理模拟那样建立专门的一套设备。②有广泛的适用性，可以用于水量计算，水位预报以及水质、水温、地面沉降、水资源管理等的计算。各种复杂的含水层、边界条件、水流情况都能模拟出来。数值模拟除了广泛用于上述预报未来、预测某种作用的后果外，还能用来对区域含水系统进行分析以提高对区域水流系统的认识，帮助确定含水层边界的位置和特征，并对系统内水的数量、含水层的补给量等进行正确评估。此外，模型还能用来研究一般地质背景中的各种过程，如研究湖-地下水的相互作用等。③修改算法，修改模型比较方便。④可以程序化，只要编好通用软件，对不同的具体问题只要按要求整理数据就能上机计算，并很快得到相应的结果。它的不足之处是不如物理模拟来得逼真、直观，计算工作量大。这些问题随着当前水文地质工作者已具有比老一代工作者更高的数学水平和抽象能力，以及计算水平的快速提高与数值法的改进早已不成为问题了。⑤与解析法相比，数值法比较灵活、适应性强，适于模拟复杂的水文地质条件，解决复杂的地下水定量计算问题。

解地下水问题的数值方法有多种，但最通用的还是有限差分法（FDM）和有限元法（FEM，也叫有限单元法）。这两种方法的根本差别在于有限元法是建立在直接求函数的近似解基础上的，而有限差分法则是建立在用差商近似表示导数的基础上的。除了这两种方法以外还有特征法（MOC）、积分有限差分法（IFDM）、边界元法（BEM）等。但“只有有限差分法和有限元法能处理计算地下水文学中的各类一般问题”（Yeh，1999）。所以本教材仅对这两种方法作一简单介绍。

有限差分法在20世纪50年代用于石油领域的模拟计算。60年代中期拓宽应用领域，用于解地下水流问题。这种方法有许多优点：①对于简单问题（如均质，各向同性含水层中的一维、二维稳定流问题）的数学表达式和计算的执行过程比较直观，易懂。②有相应高效的算法。对岩性、厚度相对比较均匀的地区，有占用内存少、运算速度快的优点。③精度对解地下水流问题来说一般相当好。④有广泛使用的商用软件如MODFLOW等可以方便地获得。

需要注意的是，差分方法要求解满足方程，所以它必须具有二阶导数。由于含水层透水性变化、厚度变化等原因，地下水流在这些透水性、厚度变化大的部位容易发生突变，上述解必须具有二阶导数的要求往往就无法满足，因而影响计算结果。因此，在透水性变化大的含水层中以及含水层厚度变化大的地区，差分方法不宜采用渗透系数、导水系数的算术平均值，只能采用其调和中项或几何平均值以改善计算结果。对自然边界条件差分法必须进行特殊处理，灵活性一般来说相对要差一些。因此标准的有限差分法在近似不规则边界上不如有限元法方便（但积分有限差分法能和有限元法一样处理不规则边界），对内部边界如断层带的处理以及模拟点源（汇），渗出面和移动着的地下水面等，有限差分法也不如有限元法好。

有限元法在20世纪60年代后期引入地下水模拟中，其优点是：①程序的统一性。有限元法对各种地下水流、溶质和热量运移问题，无论简单的还是复杂的，计算过程基本相同，因而有相同的程序结构，程序编写比较方便，很多例子表明从解一类问题的程序转换为解另一类问题的程序比较方便、简单；②对不规则边界或曲线边界，各向异性和非均质含水层，倾斜岩层以及复杂边界的处理比较方便、简单；③单元大小比较随意，同一计算区内可以视需要采用多种单元形状和多种插值函数以适应水头、浓度等变量的激烈变化或精度要求；④水流问题，物质输运问题解的精度一般比有限差分法求得的解高。有限元法的不足是占用计算机内存比较大，运算工作量也大一些。对于简单问题的处理由于这种方法对简单问题、复杂问题的程序结构相同，和有限差分法比起来，这一不足更为明显，它相对需要较多数学上的处理。但实际问题一般都比较复杂，对复杂问题来说，如前述需要较多数学和程序上处理这种不足就不存在了；相反，对复杂水文地质条件有较大适应性反而成为它的优越性了。占用内存大的问题随着计算机内存的快速提高，大容量计算机的不断出现和数值方法的改进，早已不再是什么问题了。

有限元法虽有这些优点，但也有缺陷，主要是局部区域（某个单元）质量不守恒，有时会影响计算结果；另一个是和有限差分法等共有的缺陷，即渗流速度、流量只能在先求出水头，再由 Darcy 定律算出渗流速度，渗流速度乘以过水断面面积得到流量，这样做误差较大。至今尚未彻底解决。

二、地下水数值模拟流程

简而言之，一个完整的地下水数值模拟流程应该包括以下几个步骤：

（1）了解水文地质条件，作定性分析。

（2）建立概念模型。

（3）建立数学模型。

（4）模型识别或模型校正。

（5）模型检验。

（6）模型不确定性分析。

（7）模型预报。

要建立一个地区地下水流问题的水文地质概念模型，只有在查明当地地质、水文地质条件的基础上才有可能。但天然地质体一般比较复杂，且地下水处于不停的变动之中。为了便于解决问题，必须忽略一些和研究问题无关或关系不大的因素，使问题简化。这种对地质、水文地质条件加以概化后所得到的是天然地质体的一个概念模型。这个过程通常称为建立概念模型。建立水文地质概念模型必须明确研究区范围和边界条件，含水系统的空间结构，以及所研究含水层地下水的补给、径流、排泄条件。

从所建立的概念模型出发，用简洁的数学语言，即一组数学关系式来刻画它的数量关系和空间形式，从而反映所研究地质体的地质、水文地质条件和地下水运动的基本特征，达到复制或再现一个实际地下水流系统基本状态的目的。这样建立的一种数学结构便是数学模型（包括数学方程和定解条件）。这个过程通常称为建立数学模型。用确定性分布参数数学模型来描述实际地下水流时，必须具备下列条件：①有一个（或一组）能描述这类地下水运动规律的偏微分方程，并确定了相应渗流区的范围、形状和方程中出现的各种参数值。参数值一般根据试验资料或经验确定；②给出了相应的定解条件，即稳定流问题的边界条件，非稳定流问题的初始条件和边界条件。

在一定的精度要求下，把复杂的研究区域部分（离散）成有限个规则单元的集合体，每个单元上的各种参数可以近似为常量，这个过程称为离散化。离散化后，整体的计算问题便等同于有限个单元组合体的计算。地下水数值模拟模型通过建立数学模型，利用离散化方法对模型进行计算。

由于野外实际条件的复杂性，我们对通过上述步骤建立的数值模拟模型是否能确实代表所研究的地质体还没有把握，模型中出现的参数此时一般也不可能准确给出。因此，必须对所建立的数值模拟模型进行识别校正，即把模型预测的结果与通过抽水试验或其他试验对含水层施加某种影响后所得到的实际观测结果，或与一个地区地下水动态长期观测资料进行比较，看两者是否一致。若不一致，就要对模型进行校正，即修正条件①和②，直至满意地拟合为止。这一步骤称为模型识别或模型校正。识别模型时，按给定的定解条件先根据掌握的信息假定一组参数初值，其他条件如抽水流量、降水量等则与实际问题一致，求解地下水流方程，模拟不同时刻各结点的水头（这一过程可称为解正问题），看看计算所得水头值和观测孔中的观测值是否一致，误差是否足够地小。若不满足要求，就要对给出的参数值进行调整，再解正问题，直至获得满意的拟合结果为止。如调整参数值无法满足，必要时还要修正边界条件，甚至检查给出的方程或方程组是否符合实际情况或对实际天然地质体的认识是否有偏差。

为了确保经上述校正后的模拟模型能再现所研究的实际地质体，要把上述拟合求得的参数和模型原封不动地用来模拟另一时间段的地下水运动过程。通过模型模拟预测结果与相应时间段实际观测资料的对比来进一步检验、考核所建模型。这一步骤称为模型检验。所以模型检验可以理解为识别或校正过的模型能够另外再独立地得出一组（和模型识别阶段无关）能和野外实际观测资料很好拟合的模拟结果。

经过识别、检验后的地下水流数值模拟模型，说明它确实能代表所研究的地质体，或者说是实际地下水流系统的复制品，因而可以根据需要，用这个数学模型进行计算或预测。例如根据矿床开采时的水位条件预测矿坑涌水量，或根据抽水量预测地下水位变化情况等。这一步骤称为模型预报。

值得注意的是，所有模拟都会有不确定性，地下水流数值模拟也不例外。由于野外实际条件的复杂性及实际资料的有限性，研究区水文地质参数和边界条件都永远不可能知道得很详细，对将来可能出现的外来影响也常常不能确切地刻画出它的特征。所有这些问题都可能成为概念模型能否成功地应用于野外实际问题的重要因素，这些因素也就成了附加给数学模型的不确定性。由此导致许多地下水流数学模型无法进行成功预报。因此，如果地下水模拟预报的结果要在规划和设计中使用的话，无论如何要考虑模型的不确定性。在模型预报前进行模型不确定性分析。

此外，模拟实际问题的数学模型还应满足下列基本条件：①模型的解是存在的（存在性）；②模型的解是唯一的（唯一性）；③模型的解对原始数据是连续依赖的（稳定性）。要求所提问题的解存在和唯一是不言而喻的。条件③，即稳定性的要求，意味着当模型中参数或定解条件发生微小变化时，所引起模型的解的变化也是微小的。只有满足这一条件，当所建数学模型的参数和定解条件有某些误差时，所求得的模型解才能仍然接近于其真解；否则，解是不可信的，并应该认为此时的数学模型是有缺陷的。在实际工作中，原始数据有某种误差在所难免，所以这个条件很重要。满足上述 3 个条件的问题称为适定问题，只要有一条不满足就是不适定问题。本教材中所述及的地下水问题都是适定的。

第二章　有 限 差 分 法

在学习有限差分法之前，需要熟悉地下水运动的基本原理和相关的地下水流模型、溶质运移模型。有关地下水渗流的理论基础、地下水运动、溶质运移理论和相关的数学模型可以参考《地下水动力学（第三版）》（薛禹群和吴吉春，2010）。

有限差分法的基本思想是用渗流区内选定的有限个离散点的集合来代替连续的渗流区，在这些离散点上用差商近似代替导数，将描述待求问题的偏微分方程及其定解条件离散为有限个代数方程并求解，从而求得待求未知量在离散点上的近似值。

可以用矩形网格或任意多边形把渗流区剖分成若干个单元以确定离散点。离散点或位于网格交点（称为结点或节点）或位于网格中心（此点称为格点）。结点法以该点和相邻结点连线的垂直平分线所围成的区域作为该点的均衡区，而格点法以每一个单元作为一个均衡区，所以更直观些。

一、差分的概念

任意足够光滑的函数 $f(x)$ 沿 x 的正向和负向分别用 Taylor 级数展开，有

$$f(x+\Delta x)=f(x)+\Delta x\frac{\mathrm{d}f}{\mathrm{d}x}+\frac{(\Delta x)^2}{2!}\frac{\mathrm{d}^2 f}{\mathrm{d}x^2}+\frac{(\Delta x)^3}{3!}\frac{\mathrm{d}^3 f}{\mathrm{d}x^3}+\cdots \tag{2-1a}$$

$$f(x-\Delta x)=f(x)-\Delta x\frac{\mathrm{d}f}{\mathrm{d}x}+\frac{(\Delta x)^2}{2!}\frac{\mathrm{d}^2 f}{\mathrm{d}x^2}-\frac{(\Delta x)^3}{3!}\frac{\mathrm{d}^3 f}{\mathrm{d}x^3}+\cdots \tag{2-1b}$$

于是有

$$\frac{\mathrm{d}f}{\mathrm{d}x}=\frac{f(x+\Delta x)-f(x)}{\Delta x}-\frac{\Delta x}{2!}\frac{\mathrm{d}^2 f}{\mathrm{d}x^2}-\frac{(\Delta x)^2}{3!}\frac{\mathrm{d}^3 f}{\mathrm{d}x^3}-\cdots=\frac{f(x+\Delta x)-f(x)}{\Delta x}+O(\Delta x)$$

或

$$\frac{\mathrm{d}f}{\mathrm{d}x}=\frac{f(x)-f(x-\Delta x)}{\Delta x}+\frac{\Delta x}{2!}\frac{\mathrm{d}^2 f}{\mathrm{d}x^2}-\frac{(\Delta x)^2}{3!}\frac{\mathrm{d}^3 f}{\mathrm{d}x^3}+\cdots=\frac{f(x)-f(x-\Delta x)}{\Delta x}+O(\Delta x)$$

由此可给出一阶导数的近似表达式

$$\frac{\mathrm{d}f}{\mathrm{d}x}\approx\frac{f(x+\Delta x)-f(x)}{\Delta x}\quad 前差 \tag{2-2a}$$

$$\frac{\mathrm{d}f}{\mathrm{d}x}\approx\frac{f(x)-f(x-\Delta x)}{\Delta x}\quad 后差 \tag{2-2b}$$

近似表达式把级数截断了，由此产生的误差称为截断误差 E，可以用被截断级数的第一项也是最大的一项来表示

$$E=\mp\frac{\Delta x}{2}\frac{\mathrm{d}^2 f}{\mathrm{d}x^2}=O(\Delta x)$$

此误差 $O(\Delta x)$ 与 Δx 同阶。对于足够小的 Δx 来说，误差 $O(\Delta x)$ 的绝对值将小于 $c\Delta x$（式中 c 为任意常数）。所以为了保证采用差分近似导数时的误差足够小，必须采用足够小

的 Δx。

由式（2-1a）和式（2-1b）相加，可得 $f(x)$ 一阶导数的“中心差”近似表达式

$$\frac{\mathrm{d}f}{\mathrm{d}x}\approx\frac{f(x+\Delta x)-f(x-\Delta x)}{2\Delta x} \tag{2-3}$$

被截去的第一项为 $-\frac{(\Delta x)^2}{6}\frac{\mathrm{d}^3 f}{\mathrm{d}x^3}$，所以式（2-3）的截断误差为 $O[(\Delta x)^2]$。对于足够小的 Δx 来说，它比前差和后差有更高的近似，所以数值近似的精度不仅和 Δx 的大小有关，还和导数取何种差分形式有关。

式（2-1a）和式（2-1b）相减，可得 $f(x)$ 二阶导数的近似表达式

$$\frac{\mathrm{d}^2 f}{\mathrm{d}x^2}\approx\frac{f(x+\Delta x)-2f(x)+f(x-\Delta x)}{(\Delta x)^2} \tag{2-4}$$

被截去的第一项为 $-\frac{(\Delta x)^2}{12}\frac{\mathrm{d}^4 f}{\mathrm{d}x^4}$，截断误差为 $O[(\Delta x)^2]$。

二、几种主要的差分格式

（一）显式差分格式

为了便于说明，以下列一维河间地块均质各向同性承压含水层中的地下水流问题

$$\begin{cases}\dfrac{\partial^2 H}{\partial x^2}=\dfrac{S}{T}\dfrac{\partial H}{\partial t} & (0\leqslant x\leqslant L,0\leqslant t\leqslant T_{\mathrm{sum}}) & (2-5)\\ H(x,0)=H_0(x) & (0\leqslant x\leqslant L) & (2-6)\\ H(0,t)=\varphi_0(t) & (0\leqslant t\leqslant T_{\mathrm{sum}}) & (2-7)\\ H(L,t)=\varphi_l(t) & (0\leqslant t\leqslant T_{\mathrm{sum}}) & (2-8)\end{cases}$$

为例来加以说明。

首先将研究区域 $[0,L]$ 用直线等分为 l 份，步长 $\Delta x=L/l$，把时间段 $[0,T_{\mathrm{sum}}]$ 用直线等分成 m 份，时间步长 $\Delta t=T_{\mathrm{sum}}/m$，构成如图 2-1 所示的网格，结点坐标 $x_i=i\Delta x$，$t_\kappa=\kappa\Delta t(i=0,1,\cdots,l;\ \kappa=0,1,\cdots,m)$，简记为 (i,κ)，并以 H_i^κ 表示 $H(i\Delta x,\kappa\Delta t)$，以 h_i^κ 表示原方程的差分方程解（即 H 的近似值）。

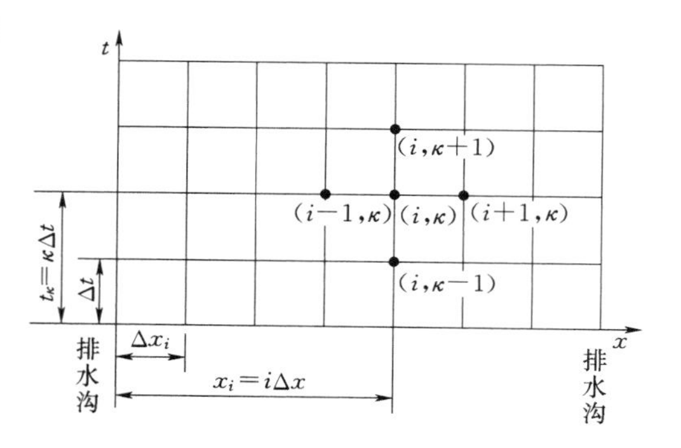

图 2-1 研究区域网格示意图

式（2-5）中的导数，用差商代替，在典型结点 (i,κ) 处表示为

$$\frac{H_{i-1}^\kappa-2H_i^\kappa+H_{i+1}^\kappa}{(\Delta x)^2}+O([\Delta x]^2)=\frac{S}{T}\frac{H_i^{\kappa+1}-H_i^\kappa}{\Delta t}+O(\Delta t) \tag{2-9}$$

略去 $O(\Delta t)$ 和 $O([\Delta x]^2)$，可得和式（2-5）以及图 2-1 中 x，t 平面上的网格对应的差分方程为

$$\frac{h_{i-1}^\kappa-2h_i^\kappa+h_{i+1}^\kappa}{(\Delta x)^2}=\frac{S}{T}\frac{h_i^{\kappa+1}-h_i^\kappa}{\Delta t} \tag{2-10}$$

截断误差为 $O(\Delta t)+O([\Delta x]^2)$。即当 Δt 和 Δx 很小时，这一误差是 Δt 阶的一个量与

$(\Delta x)^2$ 阶的一个量之和。若定义

$$\lambda=\frac{T\Delta t}{S(\Delta x)^2} \tag{2-11}$$

则式（2-10）可改写为

$$h_i^{\kappa+1}=\lambda h_{i-1}^{\kappa}+(1-2\lambda)h_i^{\kappa}+\lambda h_{i+1}^{\kappa}$$

由此可知，只要知道某一时段 κ 开始时刻 t_κ 各结点的 h_i^κ 值，利用上式便能算出 $t_{\kappa+1}$ 时刻，即 κ 时段终了时刻的 $h_i^{\kappa+1}$ 值（$1\leqslant i\leqslant l-1$，$1\leqslant\kappa\leqslant m$）。所以称这一方法为显式方法。边界结点的水头值则由边界条件给出，即

$$h_0^{\kappa+1}=H_0^{\kappa+1}=\varphi_0(t_{\kappa+1})$$
$$h_l^{\kappa+1}=H_l^{\kappa+1}=\varphi_l(t_{\kappa+1})$$

这样利用 $t=0$ 时刻时各结点 H_i^0 的值已由初始条件式（2-6）

$$h_i^0=H_i^0=H_0(i\Delta x)$$

给出的情况，直接计算 t_1 时刻各内部结点的水头值 h_i^1，并利用边界条件补充边界结点上的水头值 H_0^1、H_l^1。再把求得的 t_1 时刻各结点的水头作为初值，重复上述过程求 t_2 时刻各结点的水头值。如此一个时间水平、一个时间水平地做下去，就能求得计算区 Ω 上所有时刻的水头值。

前面我们给出了求 $h_i^{\kappa+1}$ 的方法，但必须回答一个问题，即差分方程的解 $h_i^{\kappa+1}$ 是不是很逼近原微分方程的解在相应结点上的值 $H_i^{\kappa+1}$？为此，需要从两个方面，即差分方程的收敛性和稳定性来回答上述问题。

如果差分方程的解在步长 Δx、Δt 取得充分小时，和微分方程的解析解在某种意义上很接近的话，便说这种差分格式是收敛的。研究收敛性就是讨论当 $\Delta x\to 0$、$\Delta t\to 0$ 时，差分方程的解和微分方程解的差（在一维条件下为 $H_i^{\kappa+1}-h_i^{\kappa+1}$）的绝对值在什么条件下趋近于零。其次，实际计算中由于只能用有限位计算，每一步都会有舍入误差，而且它还影响以后的计算结果。于是要考虑一个问题，当某一步结果本身有误差时，利用它去计算，若 Δx 和 Δt 固定，随着计算时间或计算次数的增加，误差是逐渐消除？还是逐步积累，愈变愈大？如是后者，则当 $t\to\infty$ 时（或计算次数无限增多时），尽管某一步的误差很小，但其影响最终有可能达到十分可观的程度，使所得解面目全非。这时所考虑的差分格式便是不稳定的。显然，不收敛和不稳定的差分格式是没有实用价值的。

显式格式经证明，只有当 $0<\lambda\leqslant 1/2$ 时才收敛和稳定。因此，Δt 不能取的太大。

（二）隐式差分格式

如式（2-5）左端二阶导数取在 $t_{\kappa+1}$ 时间水平上［即用 κ 时段末 $t=(\kappa+1)\Delta t$ 时刻的水头值］，便得隐式差分方程为

$$\frac{h_{i-1}^{\kappa+1}-2h_i^{\kappa+1}+h_{i+1}^{\kappa+1}}{(\Delta x)^2}=\frac{S}{T}\frac{h_i^{\kappa+1}-h_i^{\kappa}}{\Delta t} \tag{2-12}$$

截断误差为 $O(\Delta t)+O([\Delta x]^2)$。仍用式（2-11）定义的 λ，则式（2-12）化为

$$-\lambda h_{i-1}^{\kappa+1}+(1+2\lambda)h_i^{\kappa+1}-\lambda h_{i+1}^{\kappa+1}=h_i^{\kappa}\quad\begin{pmatrix}i=1,2,\cdots,l-1\\ \kappa=1,2,\cdots,m-1\end{pmatrix} \tag{2-13}$$

式（2-13）左端包含 3 个未知数，不能直接解出 $h_i^{\kappa+1}$，所以称为隐式方法。必须对所有

内结点（本例共有 $l-1$ 个）都列出与式（2－13）相应的方程，并把边界条件

$$h_0^{\kappa+1}=H_0^{\kappa+1}=\varphi_0(t_{\kappa+1})$$
$$h_l^{\kappa+1}=H_l^{\kappa+1}=\varphi_l(t_{\kappa+1})$$

代入第一个和最后一个方程，形成由 $l-1$ 个方程组成的方程组。联立求解，可得 $l-1$ 个内结点上 $t_{\kappa+1}$时刻的水头值。所得代数方程组的系数矩阵只在三条对角线上有值，其余均为零，故称三对角线方阵。可用追赶法求解。

可以证明，隐式方法对任何 λ 都是收敛、稳定的，也就是说它的收敛、稳定是无条件的，Δt 的取值不受 Δx 的严格限制。

（三）中心式差分格式

如果对$\frac{\partial H}{\partial t}$在 t_κ 和 $t_{\kappa+1}$的中点 $t=t_\kappa+\Delta t/2$ 处取中心差

$$\left(\frac{\partial H}{\partial t}\right)^{\kappa+\frac{1}{2}}=\frac{H_i^{\kappa+1}-H_i^\kappa}{\Delta t}+O([\Delta t]^2)$$

把$\left(\frac{\partial^2 H}{\partial x^2}\right)^{\kappa+1}$沿 t 的正向在 $t_{\kappa+1/2}$处用 Talyor 级数展开，$\left(\frac{\partial^2 H}{\partial x^2}\right)^{\kappa}$ 沿 t 的负向在 $t_{\kappa+1/2}$处用 Talyor 级数展开，各取两项，两式相加，得

$$\left(\frac{\partial^2 H}{\partial x^2}\right)_i^{\kappa+\frac{1}{2}}=\frac{1}{2}\left(\frac{\partial^2 H}{\partial x^2}\right)_i^{\kappa+1}+\frac{1}{2}\left(\frac{\partial^2 H}{\partial x^2}\right)_i^{\kappa}+O([\Delta x]^2)$$

于是，式（2－5）可写成下列差分格式

$$\frac{1}{2}\left[\frac{h_{i-1}^{\kappa+1}-2h_i^{\kappa+1}+h_{i+1}^{\kappa+1}}{(\Delta x)^2}+\frac{h_{i-1}^{\kappa}-2h_i^{\kappa}+h_{i+1}^{\kappa}}{(\Delta x)^2}\right]=\frac{S}{T}\frac{h_i^{\kappa+1}-h_i^\kappa}{\Delta t} \tag{2-14}$$

截断误差为 $O([\Delta t]^2)+O([\Delta x]^2)$ 称为 Crank－Nicolson 中心式差分格式或六点格式，形成的代数方程组的系数矩阵也是三对角线方阵。它和隐式方法一样也是无条件收敛、稳定的。

（四）加权显式-隐式格式

前面介绍的几种差分格式可以统一到下列一般形式中

$$\theta\frac{h_{i-1}^{\kappa+1}-2h_i^{\kappa+1}+h_{i+1}^{\kappa+1}}{(\Delta x)^2}+(1-\theta)\frac{h_{i-1}^{\kappa}-2h_i^{\kappa}+h_{i+1}^{\kappa}}{(\Delta x)^2}=\frac{S}{T}\frac{h_i^{\kappa+1}-h_i^\kappa}{\Delta t} \tag{2-15}$$

θ 为权因子。上述格式称为加权显式-隐式格式。当 $\theta=0$ 时即为显式方法；$\theta=1$ 时即为隐式方法；$\theta=1/2$ 时即为中心式差分方法。不难证明，如取 $\theta=\frac{1}{2}-\frac{1}{12\lambda}$，$\left[\lambda=\frac{T\Delta t}{S(\Delta x)^2}\right]$，则式（2－15）是无条件稳定的，截断误差为 $O[(\Delta t)^2+(\Delta x)^4]$（Lapidus 和 Pinder，1982）。

三、二维地下水流问题的差分方程

以下列方程

$$\frac{\partial^2 H}{\partial x^2}+\frac{\partial^2 H}{\partial y^2}=\frac{S}{T}\frac{\partial H}{\partial t} \tag{2-16}$$

为例加以说明。边界条件采用第一类边界条件，渗流区 Ω 边界上的水头是已知的，初始水头也是已知的。采用平行于坐标轴的直线 $x=i\Delta x$、$y=j\Delta y$ 把 Ω 分割为网格区（$i=0$，

$1,\cdots,l$；$j=0,1,\cdots,l$）。时间分割为 $t=\kappa\Delta t(\kappa=0,1,\cdots,m)$。某结点的水头记为 $H_{i,j}^{\kappa}=H(i\Delta x,\ j\Delta y,\ \kappa\Delta t)$。为简化表达式采用下列符号：

$$\delta_x^2 h_{i,j}^{\kappa}=h_{i-1,j}^{\kappa}-2h_{i,j}^{\kappa}+h_{i+1,j}^{\kappa}$$

$$\delta_y^2 h_{i,j}^{\kappa}=h_{i,j-1}^{\kappa}-2h_{i,j}^{\kappa}+h_{i,j+1}^{\kappa}$$

$$\delta_x^2 h_{i,j}^{\kappa+1}=h_{i-1,j}^{\kappa+1}-2h_{i,j}^{\kappa+1}+h_{i+1,j}^{\kappa+1}$$

$$\delta_y^2 h_{i,j}^{\kappa+1}=h_{i,j-1}^{\kappa+1}-2h_{i,j}^{\kappa+1}+h_{i,j+1}^{\kappa+1}$$

故式（2-16）在结点（i,j）有显式差分格式

$$\frac{\delta_x^2 h_{i,j}^{\kappa}}{(\Delta x)^2}+\frac{\delta_y^2 h_{i,j}^{\kappa}}{(\Delta y)^2}=\frac{S}{T}\frac{h_{i,j}^{\kappa+1}-h_{i,j}^{\kappa}}{\Delta t} \tag{2-17}$$

其收敛和稳定必须满足的条件是

$$\frac{T}{S}\left[\frac{1}{(\Delta x)^2}+\frac{1}{(\Delta y)^2}\right]\Delta t\leqslant\frac{1}{2} \tag{2-18}$$

相应的隐式差分格式为

$$\frac{\delta_x^2 h_{i,j}^{\kappa+1}}{(\Delta x)^2}+\frac{\delta_y^2 h_{i,j}^{\kappa+1}}{(\Delta y)^2}=\frac{S}{T}\frac{h_{i,j}^{\kappa+1}-h_{i,j}^{\kappa}}{\Delta t} \tag{2-19}$$

或当 $\Delta x=\Delta y$ 时，有

$$\lambda h_{i,j-1}^{\kappa+1}+\lambda h_{i-1,j}^{\kappa+1}-(1+4\lambda)h_{i,j}^{\kappa+1}+\lambda h_{i+1,j}^{\kappa+1}+\lambda h_{i,j+1}^{\kappa+1}=-h_{i,j}^{\kappa} \tag{2-20}$$

其中

$$\lambda=\frac{T\Delta t}{S(\Delta x)^2}$$

式（2-19）和式（2-20）是无条件收敛和稳定的，Δt 取值不受 Δx、Δy 的严格限制。与式（2-16）相应的中心式差分格式为

$$\frac{1}{2(\Delta x)^2}(\delta_x^2 h_{i,j}^{\kappa+1}+\delta_x^2 h_{i,j}^{\kappa})+\frac{1}{2(\Delta y)^2}(\delta_y^2 h_{i,j}^{\kappa+1}+\delta_y^2 h_{i,j}^{\kappa})=\frac{S}{T}\frac{h_{i,j}^{\kappa+1}-h_{i,j}^{\kappa}}{\Delta t} \tag{2-21}$$

它也是无条件收敛和稳定的。以上几种格式的截断误差和一维问题相同。

如前所述，上述几种差分格式可以统一到下列加权显式-隐式格式中

$$\theta\left[\frac{\delta_x^2 h_{i,j}^{\kappa+1}}{(\Delta x)^2}+\frac{\delta_y^2 h_{i,j}^{\kappa+1}}{(\Delta y)^2}\right]+(1-\theta)\left[\frac{\delta_x^2 h_{i,j}^{\kappa}}{(\Delta x)^2}+\frac{\delta_y^2 h_{i,j}^{\kappa}}{(\Delta y)^2}\right]=\frac{S}{T}\frac{h_{i,j}^{\kappa+1}-h_{i,j}^{\kappa}}{\Delta t} \tag{2-22}$$

权因子 $\theta=0$ 时即为显式方法；$\theta=1$ 时，即为隐式方法；$\theta=1/2$ 为中心式差分格式。

显式方法 Δt 取值受严格限制，所以在实际工作中用得很少。隐式方法和中心式差分方法的方程中都含有5个未知数，需要对所有内结点都列出相应的方程式（2-19）或式（2-21），利用边界条件形成方程组，联立求解。但占用内存大，求解也比较困难。为了便于求解，Peaceman 和 Rachford（1955）提出了交替方向隐式差分法，简称 ADI 法（Peaceman-Rachford 格式）。ADI 法是目前求解地下水流差分方程最好的方法之一。

此法的特点是在 t_{κ} 和 $t_{\kappa}+\Delta t$ 之间设想有一个过渡的中间时刻 $t_{\kappa}+\Delta t/2$。计算分两步进行。从 t_{κ} 到 $t_{\kappa}+\Delta t/2$，式（2-16）中对 x 方向取隐式差分，y 方向取显式差分，即

$$\frac{\delta_x^2 h_{i,j}^{\kappa+1/2}}{(\Delta x)^2}+\frac{\delta_y^2 h_{i,j}^{\kappa}}{(\Delta y)^2}=\frac{S}{T}\frac{h_{i,j}^{\kappa+1/2}-h_{i,j}^{\kappa}}{\frac{\Delta t}{2}} \tag{2-23}$$

或当 $\Delta x=\Delta y$，$\lambda=\frac{T\Delta t}{S(\Delta x)^2}$时，有

$$\left(1-\frac{\lambda}{2}\delta_x^2\right)h_{i,j}^{\kappa+1/2}=\left(1+\frac{\lambda}{2}\delta_y^2\right)h_{i,j}^{\kappa} \tag{2-24}$$

求出过渡时刻的水头（中间解）$h_{i,j}^{\kappa+1/2}$（此中间解没有任何实际物理意义）后，再对 x 方向取显式差分，y 方向取隐式差分，有

$$\frac{\delta_x^2 h_{i,j}^{\kappa+1/2}}{(\Delta x)^2}+\frac{\delta_y^2 h_{i,j}^{\kappa+1}}{(\Delta y)^2}=\frac{S}{T}\frac{h_{i,j}^{\kappa+1}-h_{i,j}^{\kappa+1/2}}{\frac{\Delta t}{2}} \tag{2-25}$$

或当 $\Delta x=\Delta y$ 时，有

$$\left(1-\frac{\lambda}{2}\delta_y^2\right)h_{i,j}^{\kappa+1}=\left(1+\frac{\lambda}{2}\delta_x^2\right)h_{i,j}^{\kappa+1/2} \tag{2-26}$$

由此求得该时段终了时刻 $t_\kappa+\Delta t=(\kappa+1)\Delta t$ 的水头 $h_{i,j}^{\kappa+1}$。此处不难看出，从一个时刻到下一个时刻，每推进一个时间水平，需要解式（2-23）、式（2-25）各一次，在 x、y 方向交替使用隐式差分，故称为交替方向隐式差分法。

具体应用时，分两步进行：

(1) 利用式（2-23）计算过渡时刻的水头分布。为此先要根据边界的性质是第一类边界或第二类边界分别进行编号。以结点法为例，若下边界是第一类边界，则取 $j=1$（若该行为第二类边界则取 $j=0$，1）。如该行左端为第一类边界时，取 $i=1$（若为第二类边界时，取 i 为 0，1，2，3，…，$l-1$（当右端边界 l 列为第一类边界时。若为第二类边界，则取至 $i=l$）形成 $l-1$ 个（或 $l+1$ 个）方程，含 $l-1$（或 $l+1$ 个）未知水头 $h_{1,j}^{\kappa+1/2}$、$h_{2,j}^{\kappa+1/2}$、…、$h_{l-1,j}^{\kappa+1/2}$（该行两端边界均为第二类边界，则有 $l+1$ 个未知水头 $h_{0,j}^{\kappa+1/2}$、$h_{1,j}^{\kappa+1/2}$、…、$h_{l,j}^{\kappa+1/2}$）。这是一个三对角线方程组，很容易求解。接着依次取 $j=2$（或 1，2），3，…，$l-1$（或 l，当上边界第 l 行为二类边界时），重复上述运算，即可求出 $\kappa+1/2$时刻所有内结点的水头值。

(2) 利用式（2-25）计算 $\kappa+1$ 时刻的水头值。计算步骤与（1）相似，只是由逐行进行改为逐列进行。

式（2-23）和式（2-25）单独应用时，每个方程都只是有条件稳定。但结合起来构成上述两步计算法时，对于$\lambda<\infty$，却是无条件稳定的（Lapidus 和 Pinder，1982）。所以 Peaceman-Rachford 的 ADI 法是无条件稳定的。但必须指出，在三维情况下，就不是无条件稳定的了。式（2-23）和式（2-25）只含有三个未知数，形成的是三对角线方程组。它可以用下面将要提到的追赶法快速求解，具有占用内存少，运算速度快的特点。这种方法的精度是 $O([\Delta t]^2+[\Delta x]^2+[\Delta y]^2)$。所以它是求解地下水问题的一种非常有效、非常快速的方法。当渗流区形状接近一个矩形时，效果更好。

如果水流方程中有源汇项，如

$$T\frac{\partial^2 H}{\partial x^2}+T\frac{\partial^2 H}{\partial y^2}+w(x,y,t)=S\frac{\partial H}{\partial t} \tag{2-27}$$

则 Peaceman-Rachford 分裂格式有下列形式

$$\left(1-\frac{1}{2}\lambda\delta_x^2\right)h_{i,j}^{\kappa+1/2}=\left(1+\frac{1}{2}\lambda\delta_y^2\right)h_{i,j}^{\kappa}+\frac{w_{i,j}^{\kappa+1/2}}{2S_{i,j}}\Delta t \tag{2-28}$$

$$\left(1-\frac{1}{2}\lambda\delta_y^2\right)h_{i,j}^{\kappa+1}=\left(1+\frac{1}{2}\lambda\delta_x^2\right)h_{i,j}^{\kappa+1/2}+\frac{w_{i,j}^{\kappa+3/4}}{2S_{i,j}}\Delta t \tag{2-29}$$

此时，$\Delta x=\Delta y$，$\lambda=\dfrac{T\Delta t}{S(\Delta x)^2}$。

四、三维地下水流问题的差分方程

对于非均质各向同性介质中的三维非稳定承压水问题（薛禹群，1986），有

$$\frac{\partial}{\partial x}\left(K\frac{\partial H}{\partial x}\right)+\frac{\partial}{\partial y}\left(K\frac{\partial H}{\partial y}\right)+\frac{\partial}{\partial z}\left(K\frac{\partial H}{\partial z}\right)=S_s\frac{\partial H}{\partial t} \tag{2-30}$$

式中：S_s 为贮水率。

式（2-30）反映了承压含水层中地下水运动的质量守恒关系，它表明单位时间内流入流出单位体积含水层的水量差值等于同一时间内单位体积含水层内弹性释放（或贮存）的水量。

如仍采用第三节中用过的符号，在三维条件下有

$$\delta_y^2 h_{i,j,k}^{\kappa}=h_{i,j-1,k}^{\kappa}-2h_{i,j,k}^{\kappa}+h_{i,j+1,k}^{\kappa}$$

$$\delta_z^2 h_{i,j,k}^{\kappa}=h_{i,j,k-1}^{\kappa}-2h_{i,j,k}^{\kappa}+h_{i,j,k+1}^{\kappa}$$

$$\delta_x^2 h_{i,j,k}^{\kappa}=h_{i-1,j,k}^{\kappa}-2h_{i,j,k}^{\kappa}+h_{i+1,j,k}^{\kappa}$$

请注意区分式中符号希腊字母 κ 和英文字母 k。前者表示时间，后者与 i、j 一起表示 3 个坐标轴方向（下同）。$\kappa+1$ 时刻的表达式也可类推，如是，则不难写出式（2-30）的显式、隐式和中心式差分格式。显式差分格式的收敛，稳定是有条件的，后两种格式虽无条件稳定，但要解一个庞大但相对稀疏的、系数矩阵为七对角线矩阵的方程组，麻烦是不言而喻的。

需要特别注意的是，按照适用于二维问题的 Peace-Rachford 格式建立起来的三维问题差分方程却不是无条件稳定的，所以不能用。此处无条件稳定的 ADI 算法是 Douglas-Rachford 格式的推广，对应于式（2-30）有

$$\left.\begin{aligned}
&\frac{S_{s,i,j,k}}{\Delta t}(h_{i,j,k}^{\kappa+1*}-h_{i,j,k}^{\kappa})=\frac{K_{i,j,k}^{x}}{(\Delta x)^2}\delta_x^2 h_{i,j,k}^{\kappa+1*}+\frac{K_{i,j,k}^{y}}{(\Delta y)^2}\delta_y^2 h_{i,j,k}^{\kappa}+\frac{K_{i,j,k}^{z}}{(\Delta z)^2}h_{i,j,k}^{\kappa}+w_{i,j,k}^{\kappa+\frac{1}{2}}\\
&\frac{S_{s,i,j,k}}{\Delta t}(h_{i,j,k}^{\kappa+1**}-h_{i,j,k}^{\kappa+1*})=\frac{K_{i,j,k}^{y}}{(\Delta y)^2}\delta_y^2(h_{i,j,k}^{\kappa+1**}-h_{i,j,k}^{\kappa})\\
&\frac{S_{s,i,j,k}}{\Delta t}(h_{i,j,k}^{\kappa+1}-h_{i,j,k}^{\kappa+1**})=\frac{K_{i,j,k}^{z}}{(\Delta z)^2}\delta_z^2(h_{i,j,k}^{\kappa+1}-h_{i,j,k}^{\kappa})
\end{aligned}\right\} \tag{2-31}$$

式中：$K_{i,j,k}^{x}$、$K_{i,j,k}^{y}$、$K_{i,j,k}^{z}$ 为 (i,j,k) 结点周围分别沿 x、y、z 方向上渗透系数值的某种平均值；$h_{i,j,k}^{\kappa+1*}$、$h_{i,j,k}^{\kappa+1**}$ 为中间解。

式（2-31）可以写成更一般的形式

$$(1-\lambda_x\delta_x^2)h_{i,j,k}^{\kappa+1*}=(1+\lambda_y\delta_y^2+\lambda_z\delta_z^2)h_{i,j,k}^{\kappa}+\frac{w_{i,j,k}^{\kappa+\frac{1}{2}}}{S_{s,i,j,k}}\Delta t \tag{2-32a}$$

$$(1-\lambda_y\delta_y^2)h_{i,j,k}^{\kappa+1**}=h_{i,j,k}^{\kappa+1*}-\lambda_y\delta_y^2 h_{i,j,k}^{\kappa} \tag{2-32b}$$

$$(1-\lambda_z\delta_z^2)h_{i,j,k}^{\kappa+1}=h_{i,j,k}^{\kappa+1**}-\lambda_z\delta_z^2 h_{i,j,k}^{\kappa} \tag{2-32c}$$

其中 $\lambda_x=\dfrac{K_{i,j,k}^{x}\Delta t}{S_{s,i,j,k}(\Delta x)^2}$，$\lambda_y=\dfrac{K_{i,j,k}^{y}\Delta t}{S_{s,i,j,k}(\Delta y)^2}$，$\lambda_z=\dfrac{K_{i,j,k}^{z}\Delta t}{S_{s,i,j,k}(\Delta z)^2}$

对均质含水层等间距网格来说，$\lambda_x=\lambda_y=\lambda_z=\lambda$。运算时，先由式（2-32a）算出中间解 $h_{i,j,k}^{\kappa+1}$；然后利用此 $h_{i,j,k}^{\kappa+1}$，由式（2-32b）算出中间解 $h_{i,j,k}^{\kappa+1**}$；最后由式（2-32c），根据算出的 $h_{i,j,k}^{\kappa+1**}$ 计算 $\kappa+1$ 时刻的 $h_{i,j,k}^{\kappa+1}$。如此重复进行，即可求得全部解。它们都是三对角线方程组，很容易求解。

Douglas-Rachford 格式虽然无条件稳定，但只有中等精度，误差为 $O([\Delta t]^2+[\Delta x]^2+[\Delta y]^2)$。为此，Douglas（1962）和 Brian（1961）各自独立发展了一种更精确的 ADI 差分格式。此格式在一个维上用了中心式差分，另两个维上用 Peaceman-Rachford 格式，有

$$\frac{S_{s,i,j,k}}{\Delta t}(h_{i,j,k}^{\kappa+1*}-h_{i,j,k}^{\kappa})=\frac{1}{2}\frac{K_{i,j,k}^{x}}{(\Delta x)^2}\delta_x^2(h_{i,j,k}^{\kappa+1*}+h_{i,j,k}^{\kappa})+\frac{K_{i,j,k}^{y}}{(\Delta y)^2}\delta_y^2 h_{i,j,k}^{\kappa}+\frac{K_{i,j,k}^{z}}{(\Delta z)^2}\delta_z^2 h_{i,j,k}^{\kappa}+w_{i,j,k}^{\kappa+\frac{1}{2}} \tag{2-33a}$$

$$\frac{S_{s,i,j,k}}{\Delta t}(h_{i,j,k}^{\kappa+1**}-h_{i,j,k}^{\kappa})=\frac{1}{2}\frac{K_{i,j,k}^{x}}{(\Delta x)^2}\delta_x^2(h_{i,j,k}^{\kappa+1*}+h_{i,j,k}^{\kappa})+\frac{1}{2}\frac{K_{i,j,k}^{y}}{(\Delta y)^2}\delta_y^2(h_{i,j,k}^{\kappa+1**}+h_{i,j,k}^{\kappa})+\frac{K_{i,j,k}^{z}}{(\Delta z)^2}\delta_z^2 h_{i,j,k}^{\kappa} \tag{2-33b}$$

$$\frac{S_{s,i,j,k}}{\Delta t}(h_{i,j,k}^{\kappa+1}-h_{i,j,k}^{\kappa})=\frac{1}{2}\frac{K_{i,j,k}^{x}}{(\Delta x)^2}\delta_x^2(h_{i,j,k}^{\kappa+1*}+h_{i,j,k}^{\kappa})+\frac{1}{2}\frac{K_{i,j,k}^{y}}{(\Delta y)^2}\delta_y^2(h_{i,j,k}^{\kappa+1**}+h_{i,j,k}^{\kappa})+\frac{1}{2}\frac{K_{i,j,k}^{z}}{(\Delta z)^2}\delta_z^2(h_{i,j,k}^{\kappa+1}+h_{i,j,k}^{\kappa}) \tag{2-33c}$$

$h_{i,j,k}^{\kappa+1*}$、$h_{i,j,k}^{\kappa+1**}$ 为中间解。经整理，同时分别把第二、第一式相减，第三、第二式相减，便得下列便于应用的形式（Douglas-Brian 格式）

$$\left(1-\frac{\lambda_x}{2}\delta_x^2\right)h_{i,j,k}^{\kappa+1*}=\left[1+\frac{1}{2}(\lambda_x\delta_x^2+2\lambda_y\delta_y^2+2\lambda_z\delta_z^2)\right]h_{i,j,k}^{\kappa}+\frac{w_{i,j,k}^{\kappa+\frac{1}{2}}}{S_{s,i,j,k}}\Delta t \tag{2-34a}$$

$$\left(1-\frac{\lambda_y}{2}\delta_y^2\right)h_{i,j,k}^{\kappa+1**}=-\frac{\lambda_y}{2}\delta_y^2 h_{i,j,k}^{\kappa}+h_{i,j,k}^{\kappa+1*} \tag{2-34b}$$

$$\left(1-\frac{\lambda_z}{2}\delta_z^2\right)h_{i,j,k}^{\kappa+1}=-\frac{\lambda_z}{2}\delta_z^2 h_{i,j,k}^{\kappa}+h_{i,j,k}^{\kappa+1**} \tag{2-34c}$$

运算方法与 Douglas-Rachford 格式相似。误差为 $O([\Delta t]^2+[\Delta x]^2+[\Delta y]^2+[\Delta z]^2)$。此算法是无条件稳定的。但使用式（2-34）时要特别小心，如式（2-34c）中 $h_{i,j,k}^{\kappa+1**}$ 换成了 $h_{i,j,k}^{\kappa+1*}$，那这种方法就不是无条件稳定的了。

五、三对角线方程组的解法——追赶法

三对角线方程组的一般形式为

$$[A]\{x\}=\{f\} \tag{2-35}$$

式中

$$[A]=\begin{bmatrix} b_1 & c_1 & & & & \\ a_2 & b_2 & c_2 & & & \\ & a_3 & b_3 & c_3 & & \\ & & \ddots & \ddots & \ddots & \\ & & & a_{n-1} & b_{n-1} & c_{n-1} \\ & & & & a_n & b_n \end{bmatrix}$$

$$\{x\}=\begin{Bmatrix} x_1 \\ x_2 \\ x_3 \\ \vdots \\ x_{n-1} \\ x_n \end{Bmatrix} \quad \{f\}=\begin{Bmatrix} f_1 \\ f_2 \\ f_3 \\ \vdots \\ f_{n-1} \\ f_n \end{Bmatrix}$$

为了直接求解方程组（2-35），把［A］分解为两个对角线矩阵的乘积，即［A］=［L］［U］，其中［L］和［U］有下列形式

$$[L][U]=\begin{bmatrix} \beta_1 & & & & \\ a_2 & \beta_2 & & & \\ & a_3 & \beta_3 & & \\ & & \ddots & \ddots & \\ & & & a_n & \beta_n \end{bmatrix}\begin{bmatrix} 1 & \gamma_1 & & & & \\ & 1 & \gamma_2 & & & \\ & & 1 & \gamma_3 & & \\ & & & \ddots & \ddots & \\ & & & & 1 & \gamma_{n-1} \\ & & & & & 1 \end{bmatrix}$$

为了使［L］［U］=［A］，［L］与［U］相乘后形成的矩阵与［A］的对应元素必须相等，即

$$\beta_1=b_1$$
$$\beta_i\gamma_i=c_i \quad (i=1,2,\cdots,n-1)$$
$$a_i\gamma_{i-1}+\beta_i=b_i \quad (i=2,3,\cdots,n)$$

于是得

$$\beta_1=b_1 \tag{2-36a}$$

$$\gamma_i=\frac{c_i}{\beta_i} \quad (i=1,2,\cdots,n-1) \tag{2-36b}$$

$$\beta_i=b_i-a_i\gamma_{i-1}=b_i-a_i\frac{c_{i-1}}{\beta_{i-1}} \quad (i=2,3,\cdots,n) \tag{2-36c}$$

知道了这些组成矩阵［L］、［U］的元素，就能形成［L］和［U］，并把［A］分解为［L］和［U］的乘积，于是式（2-35）可写成

$$[L][U]\{x\}=\{f\} \tag{2-37}$$

现在来解这个方程组。为此，令

$$[U]\{x\}=\{y\} \tag{2-38}$$

其中：
$$\{y\}=\begin{Bmatrix} y_1 \\ y_2 \\ \vdots \\ y_n \end{Bmatrix}$$

于是式（2－37）变为

$$[L]\{y\}=\{f\}$$

运用矩阵乘法，把上式展开，得

$$\begin{gathered} \beta_1 y_1=f_1 \\ a_2 y_1+\beta_2 y_2=f_2 \\ \vdots \\ a_n y_{n-1}+\beta_n y_n=f_n \end{gathered}$$

由第一个方程得

$$y_1=\frac{f_1}{\beta_1} \tag{2-39a}$$

把结果 y_1 代入第二个方程，可解得 y_2

$$y_2=\frac{1}{\beta_2}(f_2-a_2 y_1)$$

再把 y_2 代入第三个方程，如此由上往下逐个运算下去，可解出所有的 y_i 来，即

$$y_i=\frac{1}{\beta_i}(f_i-a_i y_{i-1}) \quad (i=2,3,\cdots,n) \tag{2-39b}$$

把解得的 y 代回到式（2－38）中，于是由该方程组的最后一个方程可得

$$x_n=y_n \tag{2-40a}$$

把所得结果由下而上逐个代入式（2－38）的各个方程中，从而确定 $\{x\}$ 的各个分量

$$x_i=y_i-\gamma_i x_{i+1}=y_i-\frac{c_i}{\beta_i}x_{i+1} \quad (i=n-1,n-2,\cdots,1) \tag{2-40b}$$

由此可以看出，本法分为两步：第一步向前递推求出由 β_i 和 y_i 构成的数组；第二步是向后递推求出未知数。此法称为追赶法，又称 Thomas 算法。

除三对角线方程组外，差分方程组一般都采用迭代解法。具体详见有关参考文献。

第三章　有 限 单 元 法

一、概述

有限单元法已被广泛地用来研究和解决许多领域中的多种问题，如结构力学中的应力分析、结构稳定性；土力学、岩土力学中的应力-应变与稳定性分析，沉降和固结。在解决有关地下水流和水质问题时也得到越来越广泛的应用。

有限元分析的过程一般包括下列步骤：

(1) 离散。通过剖分把渗流区划分为有限个单元（正则单元）。各个单元的结合点称为结点或节点。不在边界上而位于计算区内部的结点称为内结点。二维问题单元有三角形、四边形、曲边四边形。三维问题单元有四面体、六面体等（图 3－1）。

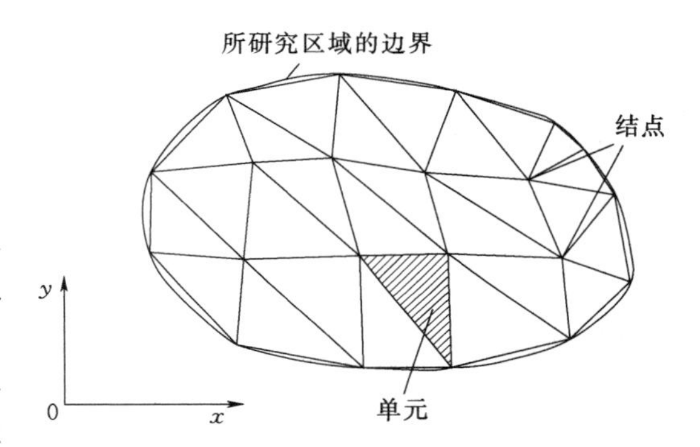

图 3－1　剖分为有限个单元的集合体

(2) 选择近似函数表示单元内部的水头（或浓度、温度等未知函数）分布。常用多项式插值。

(3) 推导有限元方程，建立单元内未知量的表达式。推导方法有多种，主要有 Rayleigh－Ritz 法和 Galerkin 法。

(4) 集合单元方程形成整个渗流区的代数方程组。

(5) 求解方程组得到主要未知量（水头、浓度等），进而计算速度、流量等量。

考虑到 Rayleigh－Ritz 法在地下水各个领域中用得越来越少了，此处仅对 Galerkin 法做一简单介绍。

二、Galerkin 法基本原理

（一）方法简介

Galerkin 法是加权剩余法的一个特例。故先从加权剩余法说起。设有一微分方程

$$L(u)-f=0 \quad (x,y,z)\in\Omega \tag{3-1}$$

边界条件为

$$F(u)-\varphi=0 \quad (x,y,z)\in\Gamma \tag{3-2}$$

式中：u 为 x、y 和 z 的函数；L、F 表示对 u 进行某种微分运算；Γ 为渗流区 Ω 的边界。

用下列形式的试探函数 $\tilde{u}$ 作为式（3－1）的近似解，即

$$u\approx\tilde{u}=\sum_{j=1}^{N}\psi_j\alpha_j \tag{3-3}$$

式中：ψ_j 为在整个域上定义、线性独立、且满足边界条件式（3－2）的函数族，这些函数称为基函数或形函数和插值函数；N 为结点总数；α_j 为待定系数。

由于 $\tilde{u}$ 只是一个近似值，把 $\tilde{u}$ 代入式（3－1）后，一般会有误差或剩余 ε 存在。

$$\varepsilon = L(\tilde{u}) - f = L\left(\sum_{j=1}^{N}\psi_j\alpha_j\right) - f$$

加权剩余法就是选择待定系数 α_j 使得误差在某种意义上成为最小。显然，令 ε 的积分为零。

$$\int_{\Omega}\varepsilon \mathrm{d}\Omega = 0$$

的方案最简单。但对 N 个未知数来说目前还只有一个方程，无法求解。为此引入互相线性独立的权函数 ω_i，$i=1$，2，…，N，对上式进行修正，这样便可以得到 N 个方程

$$\int_{\Omega}\varepsilon\omega_i \mathrm{d}\Omega = \int_{\Omega}\left[L\left(\sum_{j=1}^{N}\psi_j\alpha_j\right) - f\right]\omega_i \mathrm{d}\Omega = 0 \quad (i = 1,2,\cdots,N) \tag{3-4}$$

求解这些方程便可确定 N 个未知数 α_1、α_2、…、α_N。把它们代入式（3－3）后就得到式（3－1）的近似解。

因选择权函数的方法不同，有多种加权剩余法，常用的是 Galerkin 法。Galerkin 法选择基函数 ψ_i 作为权函数，即 $\omega_i=\psi_i$，有

$$\int_{\Omega}[L(\tilde{u}) - f]\psi_i \mathrm{d}\Omega = 0 \quad (i = 1,2,\cdots,N) \tag{3-5}$$

以下述定解问题为例来说明 Galerkin 有限单元法：

$$\frac{\partial}{\partial x}\left(T\frac{\partial H}{\partial x}\right)+\frac{\partial}{\partial y}\left(T\frac{\partial H}{\partial y}\right)+w=S\frac{\partial H}{\partial t} \quad (\text{在 } \Omega \text{ 上}) \tag{3-6}$$

$$H(x,y,0)=H_0(x,y) \quad [t=0,(x,y)\in\Omega] \tag{3-7}$$

$$H(x,y,t)|_{\Gamma_1}=\varphi_1(x,y,t) \quad [t\geqslant 0,(x,y)\in\Gamma_1] \tag{3-8}$$

$$T\frac{\partial H}{\partial n}\bigg|_{\Gamma_2}=q(x,y,t) \quad [t\geqslant 0,(x,y)\in\Gamma_2] \tag{3-9}$$

式中：H_0 为水头初值；φ_1 为第一类边界 Γ_1 上的已知函数；q 为第二类边界 Γ_2 上的单位宽度侧向补给量；n 为边界 Γ_2 的外法线方向；其余符号意义同前。

设近似解 $\tilde{H}$ 用下列试探函数

$$H(x,y,t) \approx \tilde{H}(x,y,t) = \sum_{j=1}^{N}H_j(t)\psi_j(x,y) \tag{3-10}$$

表示。把它代入式（3－5），即在式（3－6）两端乘以基函数 ψ_i，积分并移项得

$$\iint_{\Omega}\left[\frac{\partial}{\partial x}\left(T\frac{\partial\tilde{H}}{\partial x}\right)+\frac{\partial}{\partial y}\left(T\frac{\partial\tilde{H}}{\partial y}\right)+w-S\frac{\partial\tilde{H}}{\partial t}\right]\psi_i \mathrm{d}x\mathrm{d}y = 0 \quad (i = 1,2,\cdots,n) \tag{3-11}$$

式中：n 为除了第一类边界上的结点以外的结点总数，即未知结点的总数。

应用分部积分法于上式得

$$\iint_{\Omega}\left[\frac{\partial}{\partial x}\left(T\frac{\partial\tilde{H}}{\partial x}\psi_i\right)+\frac{\partial}{\partial y}\left(T\frac{\partial\tilde{H}}{\partial y}\psi_i\right)\right]\mathrm{d}x\mathrm{d}y - \iint_{\Omega}\left(T\frac{\partial\tilde{H}}{\partial x}\frac{\partial\psi_i}{\partial x}+T\frac{\partial\tilde{H}}{\partial y}\frac{\partial\psi_i}{\partial y}\right)\mathrm{d}x\mathrm{d}y$$

$$+\iint_{\Omega}\left(w-S\frac{\partial\tilde{H}}{\partial t}\right)\psi_i \mathrm{d}x\mathrm{d}y = 0$$

上式左端第一项应用 Green 公式有：

$$\iint_{\Omega}\left[\frac{\partial}{\partial x}\left(T\frac{\partial\widetilde{H}}{\partial x}\psi_i\right)+\frac{\partial}{\partial y}\left(T\frac{\partial\widetilde{H}}{\partial y}\psi_i\right)\right]\mathrm{d}x\mathrm{d}y=\oint_{l}T\left[\frac{\partial\widetilde{H}}{\partial x}\cos(n,x)+\frac{\partial\widetilde{H}}{\partial y}\cos(n,y)\right]\psi_i\mathrm{d}s$$

$$=\oint_{\Gamma}T\frac{\partial\widetilde{H}}{\partial n}\psi_i\mathrm{d}s$$

式中：Γ 为 Ω 的周界；n 为 Γ 的外法线方向。

由于第一类边界 Γ_1 的水头已给定，所以上述沿边界 Γ 的积分项事实上只存在于第二类边界 Γ_2 上。于是整个方程（适用于 Γ_2 上的结点，对于不在第二类边界上的其他结点，最后一项为零）可改写为

$$\iint_{\Omega}\left(T\frac{\partial\widetilde{H}}{\partial x}\frac{\partial\psi_i}{\partial x}+T\frac{\partial\widetilde{H}}{\partial y}\frac{\partial\psi_i}{\partial y}\right)\mathrm{d}x\mathrm{d}y+\iint_{\Omega}S\frac{\partial\widetilde{H}}{\partial t}\psi_i\mathrm{d}x\mathrm{d}y$$

$$=\iint_{\Omega}w\psi_i\mathrm{d}x\mathrm{d}y+\int_{\Gamma_2}T\frac{\partial\widetilde{H}}{\partial n}\psi_i\mathrm{d}s\quad(i=1,2,\cdots,n)\tag{3-12}$$

式（3－12）为 Galerkin 方程的一种形式。

由式（3－10）得

$$\frac{\partial\widetilde{H}}{\partial x}=\sum_{j=1}^{N}H_j\frac{\partial\psi_j}{\partial x},\quad\frac{\partial\widetilde{H}}{\partial y}=\sum_{j=1}^{N}H_j\frac{\partial\psi_j}{\partial y},\quad\frac{\partial\widetilde{H}}{\partial t}=\sum_{j=1}^{N}\frac{\mathrm{d}H_j}{\mathrm{d}t}\psi_j$$

把它们和边界条件一起代入式（3－12），同时考虑到即使在各向异性介质，T 也是对称张量，所以 $\frac{\partial\psi_j}{\partial x}\frac{\partial\psi_i}{\partial x}$ 可以改写为 $\frac{\partial\psi_i}{\partial x}\frac{\partial\psi_j}{\partial x}$。于是有

$$\iint_{\Omega}\sum_{j=1}^{N}\left(T\frac{\partial\psi_i}{\partial x}\frac{\partial\psi_j}{\partial x}+T\frac{\partial\psi_i}{\partial y}\frac{\partial\psi_j}{\partial y}\right)H_j\mathrm{d}x\mathrm{d}y+\iint_{\Omega}\sum_{j=1}^{N}\left(S\psi_i\psi_j\frac{\mathrm{d}H_j}{\mathrm{d}t}\right)\mathrm{d}x\mathrm{d}y$$

$$=\iint_{\Omega}w\psi_i\mathrm{d}x\mathrm{d}y+\int_{l}q\psi_i\mathrm{d}s\quad(i=1,2,\cdots,n)\tag{3-13}$$

ψ_i 在不同的单元上有不同的表达式，所以上述积分必须按单元逐个计算后再求和，即

$$\sum_{e=1}^{m}\left\{\sum_{j=1}^{n_e}\left[\iint_{e}T^e\left(\frac{\partial\psi_i}{\partial x}\frac{\partial\psi_j}{\partial x}+\frac{\partial\psi_i}{\partial y}\frac{\partial\psi_j}{\partial y}\right)\mathrm{d}x\mathrm{d}y\right]H_j+\sum_{j=1}^{n_e}\left[\iint_{e}S^e\psi_i\psi_j\mathrm{d}x\mathrm{d}y\right]\frac{\mathrm{d}H_j}{\mathrm{d}t}\right\}$$

$$=\sum_{e=1}^{m}\left\{\iint_{e}w^e\psi_i\mathrm{d}x\mathrm{d}y+\int_{l}q\psi_i\mathrm{d}s\right\}\quad(i=1,2,\cdots,n)\tag{3-14}$$

式中：m 为单元数；n_e 为单元结点数；l 为位于 Γ_2 上单元 e 的线元，即 $\Gamma_2\cap e$。

对于不在 Γ_2 上单元，此项为零。由于结点 $n+1$、$n+2$、…、N 在 Γ_1 上，它的水头及其对时间的导数是已知的，把它们移到方程右端与已知项合并。于是式（3－14）可用矩阵表示为

$$[D]\{H\}+[P]\left\{\frac{\mathrm{d}H}{\mathrm{d}t}\right\}=\{F\}\tag{3-15}$$

其中导水矩阵 $[D]$、贮水矩阵 $[P]$、矢量 $\{F\}$ 分别为

$$[D]=\sum_{e=1}^{m}[d],[P]=\sum_{e=1}^{m}[p],\{F\}=\sum_{e=1}^{m}\{f\}-[D]\{H'\}-[P]\left\{\frac{\mathrm{d}H'}{\mathrm{d}t}\right\}$$

其中 $[d]$、$[p]$、$\{f\}$ 为典型单元的单元矩阵和矢量，其元素分别为

$$d_{i,j}=\iint_e T^e\left(\frac{\partial\psi_i}{\partial x}\frac{\partial\psi_j}{\partial x}+\frac{\partial\psi_i}{\partial y}\frac{\partial\psi_j}{\partial y}\right)\mathrm{d}x\mathrm{d}y$$

$$p_{i,j}=\iint_e S^e\psi_i\psi_j\mathrm{d}x\mathrm{d}y$$

$$f_i=\iint_e w^e\psi_i\mathrm{d}x\mathrm{d}y+\int_l q\psi_i\mathrm{d}s$$

式中：$\{H\}$、$\left(\frac{\mathrm{d}H}{\mathrm{d}t}\right)$分别为由 H_1、H_2、…、H_n 和$\left(\frac{\mathrm{d}H_1}{\mathrm{d}t}\right)$、$\left(\frac{\mathrm{d}H_2}{\mathrm{d}t}\right)$、…、$\left(\frac{\mathrm{d}H_n}{\mathrm{d}t}\right)$组成的列矢量；$\{H'\}$、$\left(\frac{\mathrm{d}H'}{\mathrm{d}t}\right)$分别为由 Γ_1 上已知水头和水头对时间导数已知的 H_{n+1}、H_{n+2}、…、H_N 和$\frac{\mathrm{d}H_{n+1}}{\mathrm{d}t}$、$\frac{\mathrm{d}H_{n+2}}{\mathrm{d}t}$、…、$\frac{\mathrm{d}H_N}{\mathrm{d}t}$组成的列矢量。

式（3－15）代表一个常微分方程组。对式中$\frac{\mathrm{d}H}{\mathrm{d}t}$取差商；对各点水头有多种取法：显式方法取 $t=\kappa\Delta t$ 时刻的水头 H^κ；隐式方法取 $t=(\kappa+1)\Delta t$ 时刻的值 $H^{\kappa+1}$；中心式差分方法取 $t=\left(\kappa+\frac{1}{2}\Delta t\right)$时刻的水头 $H^{\kappa+\frac{1}{2}}=\frac{1}{2}(H^\kappa+H^{\kappa+1})$。显式方法的稳定是有条件的，$\Delta t$ 取值受限制。隐式方法和中心式差分方法则是无条件稳定，Δt 取值不受限制的优越性。所以一般多采用隐式方法。此时式（3－15）化为

$$[D]\{H^{\kappa+1}\}+[P]\left\{\frac{H^{\kappa+1}-H^\kappa}{\Delta t}\right\}=\{F\} \tag{3-16a}$$

或

$$[A]\{H^{\kappa+1}\}=\{B\} \tag{3-16b}$$

其中渗透矩阵

$$[A]=[[D]\Delta t+[P]]$$

$$\{B\}=[P]\{H^\kappa\}+\{F\}\Delta t$$

如采用中心差分法，则式（3－15）化为

$$\left[\frac{1}{2}[D]\Delta t+[P]\right]\{H^{\kappa+1}\}=\left[[P]-\frac{1}{2}[D]\Delta t\right]\{H^\kappa\}+\{F\}\Delta t \tag{3-17}$$

除了上述几种处理时间导数的方法外，还有类似有限差分法那样，通过权函数把显式和隐式结合在一起的，但只有权函数 $\theta\geqslant0.5$ 才能无条件稳定。

给出初值 H^κ 后，求解线性代数式（3－16）或式（3－17），可以求出第一个时段终了时刻的水头 $H^{\kappa+1}$。再把此 $H^{\kappa+1}$作为初值，重复上述过程可以依次求出各个时刻、各结点的水头值。

（二）有限元剖分与基函数

前面用了一个叫基函数的函数，怎么来确定它呢？通常采用剖分插值方法来构造基函数。现以简单的三角形剖分为例加以说明。把渗流区 Ω 剖分成三角形单元，为了说明方便，假设围绕内结点 i 共有 6 个单元。在由 i，j，k 为三顶点的单元Ⅰ中，这样来构造函数 ψ_i^{I}，使它在 i 点等于1，在 j 点和 k 点为零，即对边为零（图3－2）。在内部假设是线性变化的。故有

$$\psi^{\mathrm{I}}=\alpha_{\mathrm{I}}+\beta_{\mathrm{I}}x+\gamma_{\mathrm{I}}y \tag{3-18}$$

式（3－18）中 α_{I}、β_{I}、γ_{I} 为待定系数。显然在组成单元Ⅰ的三个结点 i、j、k 上应有

$$1=\alpha_{\mathrm{I}}+\beta_{\mathrm{I}}x_i+\gamma_{\mathrm{I}}y_i$$
$$0=\alpha_{\mathrm{I}}+\beta_{\mathrm{I}}x_j+\gamma_{\mathrm{I}}y_j$$
$$0=\alpha_{\mathrm{I}}+\beta_{\mathrm{I}}x_k+\gamma_{\mathrm{I}}y_k$$

其中 (x_i,y_i)、(x_j,y_j)、(x_k,y_k) 分别为 i、j、k 点的坐标。解这 3 个方程，得

$$\alpha_{\mathrm{I}}=\frac{1}{2\Delta_{\mathrm{I}}}(x_jy_k-x_ky_j)$$

$$\beta_{\mathrm{I}}=\frac{1}{2\Delta_{\mathrm{I}}}(y_j-y_k)$$

$$\gamma_{\mathrm{I}}=\frac{1}{2\Delta_{\mathrm{I}}}(x_k-x_j)$$

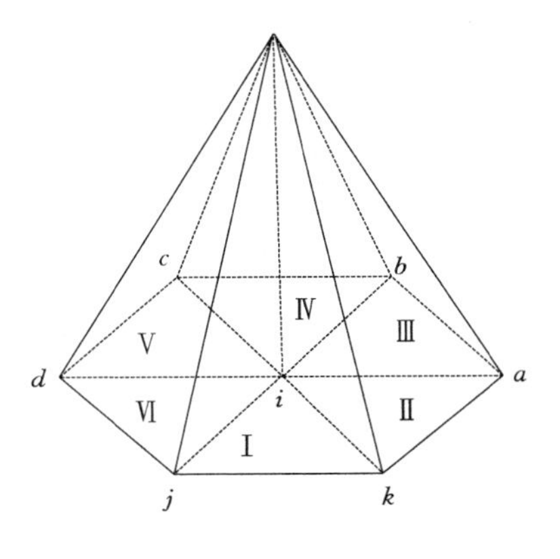

图 3-2　对应内结点 i 的基函数图像

式中：$\Delta_{\mathrm{I}}=\frac{1}{2}\begin{vmatrix}1 & x_i & y_i\\ 1 & x_j & y_j\\ 1 & x_k & y_k\end{vmatrix}$ 为三角形单元Ⅰ的面积。为叙述方便，引入符号

$$\left.\begin{array}{lll} a_i=x_jy_k-x_ky_j & a_j=x_ky_i-x_iy_k & a_k=x_iy_j-x_jy_i\\ b_i=y_j-y_k & b_j=y_k-y_i & b_k=y_i-y_j\\ c_i=x_k-x_j & c_j=x_i-x_k & c_k=x_j-x_i \end{array}\right\} \tag{3-19}$$

组成各个单元结点的坐标不同，不同单元这些符号所代表的值也就不同了。为此在这些符号的右上角注以角码Ⅰ，即 a_i^{I}、a_j^{I}、…把它们代入式（3-18）后得

$$\psi_i^{\mathrm{I}}(x,y)=\frac{1}{2\Delta_{\mathrm{I}}}(a_i^{\mathrm{I}}+b_i^{\mathrm{I}}x+c_i^{\mathrm{I}}y)$$

对单元Ⅱ、Ⅲ、…、Ⅵ也可构造性质相似的线性函数 ψ^{II}、ψ^{III}、…、ψ^{VI}。它们在结点 i 上都等于 1，在 i 点的对边都为零。用类似的方法可求出系数 α_{II}、β_{III}、γ_{III}、…、γ_{VI} 的值，并可一般地表示为

$$\psi_i^e=\alpha_e+\beta_ex+\gamma_ey=\frac{1}{2\Delta_e}(a_i^e+b_i^ex+c_i^ey)(e=\mathrm{I}、\mathrm{II}、\mathrm{III}、\mathrm{IV}、\mathrm{V}、\mathrm{VI}) \tag{3-20}$$

式中：Δ_e 为单元 e 的面积。

于是对应于内结点 i 的基函数 $\psi_i(x,y)$ 在单元Ⅰ、Ⅱ、Ⅲ、Ⅳ、Ⅴ、Ⅵ内依次等于 ψ^{I}、ψ^{II}、ψ^{III}、ψ^{IV}、ψ^{V}、ψ^{VI}，而在渗流区 Ω 的其余部分则为零。显然如此构造的基函数 ψ_i 有下列特征：在结点 i 处为 1；在它周围的每个结点上，即多边形的周界上均为零；i 与周界间则线性地变化。在 Ω 的其余部分及第一类边界 Γ_1 上也是零。其图像如图 3-2 所示。即

$$\psi_i(x_j,y_j)=\begin{cases}1 & (j=i)\\ 0 & (j\neq i)\end{cases} \tag{3-21}$$

从前面的讨论可知，对于同一单元 e 上的 3 个结点 i、j、k（图 3-3）的基函数，略去单元符号后应有

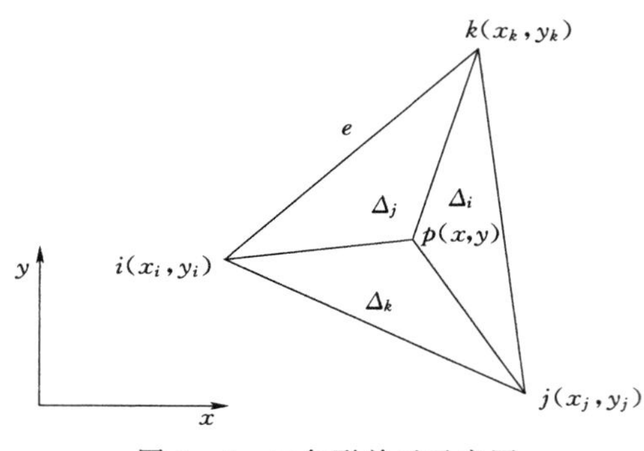

图 3-3　三角形单元示意图

$$\left.\begin{aligned}\psi_i(x,y)&=\frac{1}{2\Delta}(a_i+b_ix+c_iy)\\\psi_j(x,y)&=\frac{1}{2\Delta}(a_j+b_jx+c_jy)\\\psi_k(x,y)&=\frac{1}{2\Delta}(a_k+b_kx+c_ky)\end{aligned}\right\}\qquad(3-22)$$

其中 $\Delta=\frac{1}{2}\begin{vmatrix}1&1&1\\x_i&x_j&x_k\\y_i&y_j&y_k\end{vmatrix}$ 为三角形 ijk 的面积，ijk 按逆时针方向排列时为正。并设 $\Delta\neq0$。

式（3-22）即

$$\begin{Bmatrix}\psi_i\\\psi_j\\\psi_k\end{Bmatrix}=\frac{1}{2\Delta}\begin{vmatrix}a_i&b_i&c_i\\a_j&b_j&c_j\\a_k&b_k&c_k\end{vmatrix}\begin{Bmatrix}1\\x\\y\end{Bmatrix}$$

其逆关系为

$$\begin{Bmatrix}1\\x\\y\end{Bmatrix}=\begin{vmatrix}1&1&1\\x_i&x_j&x_k\\y_i&y_j&y_k\end{vmatrix}\begin{Bmatrix}\psi_i\\\psi_j\\\psi_k\end{Bmatrix}\quad\text{或}\quad\left\{\begin{aligned}1&=\psi_i+\psi_j+\psi_k\\x&=x_i\psi_i+x_j\psi_j+x_k\psi_k\\y&=y_i\psi_i+y_j\psi_j+y_k\psi_k\end{aligned}\right.\qquad(3-23)$$

式中：(x,y) 为单元内任意点 p 的坐标（图 3-3）。

最后应指出，式（3-22）中的 $(a_i+b_ix+c_iy)$ 依次为三角形 pjk、pki、pij 的面积 Δ_i、Δ_j、Δ_k 的两倍（图 3-3）。故

$$\psi_i=\frac{\Delta_i}{\Delta},\quad\psi_j=\frac{\Delta_j}{\Delta},\quad\psi_k=\frac{\Delta_k}{\Delta}$$

当 $p(x,y)$ 点移到 i 点时（$x=x_i$，$y=y_i$），$\Delta_i=\Delta$，

$$\psi_i\Big|_{\substack{x=x_i\\y=y_i}}=1$$

此时 Δ_j、Δ_k 为零，$\psi_j\Big|_{\substack{x=x_i\\y=y_i}}=\psi_k\Big|_{\substack{x=x_i\\y=y_i}}=0$，与基函数的性质式（3-21）是一致的。

由于基函数的上述性质，式（3-15）中的导水矩阵 [D]、贮水矩阵 [P] 不仅对称、正定，还是高度稀疏的。这是由于结点 1 的基函数只在共有结点 1 的几个单元内不等于零，而结点 2 的基函数只在共有结点 2 的几个单元内不等于零，这样组成矩阵 [D] 的元素

$$D_{1,2}=\sum_{e=1}^{m}\iint_e\sum_{j=1}^{N}T\left(\frac{\partial\psi_1}{\partial x}\frac{\partial\psi_2}{\partial x}+\frac{\partial\psi_1}{\partial y}\frac{\partial\psi_2}{\partial y}\right)\mathrm{d}x\mathrm{d}y$$

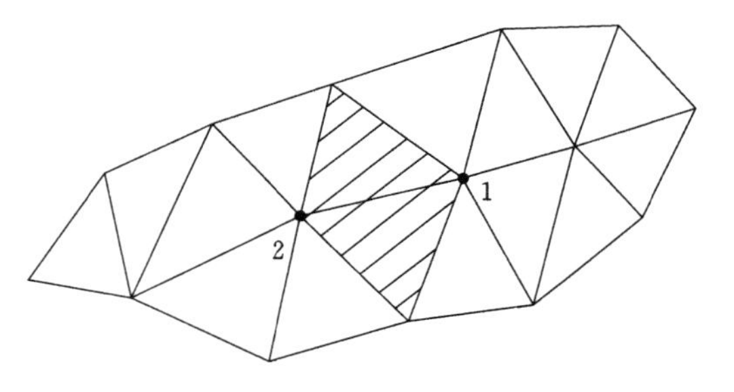

图 3-4　部分单元图

只有在与结点 1 和结点 2 连接的几个单元（图 3-4 中有阴影部分）不等于零，在其他单元上均为零，对组成 [D] 的其他元素也可得出类似结论。同理，组成 [P] 的元素 $p_{i,j}$ 也只在与结点 i、j 连接的几个单元上不为零，其他单元上均为零。所以矩阵 [D]、[P]

是高度稀疏的。

（三）有限元方程

仍以三角形单元为例。由于式（3－14）中基函数的性质，ψ_i 只在以 i 为公共点的几个三角形组成的多边形（以 Ω_i 表示，设共有 m 个单元）上不为零。所以式（3－14）中的累加事实上只要对 Ω_i 上 m 个单元累加就可以了。且在以 i、j、k 为顶点的单元 e 上，只有 ψ_i、ψ_j、ψ_k 不为零，其他结点的基函数在 e 上均为零，故 e 上的函数近似表达式可直接写成

$$\widetilde{H}=H_i\psi_i+H_j\psi_j+H_k\psi_k \tag{3-24}$$

式中：H_i、H_j、H_k 为结点 i、j、k 上的水头值。

由式（3－22）、式（3－24）可得

$$\frac{\partial\psi_i}{\partial x}=\frac{b_i}{2\Delta},\quad \frac{\partial\psi_j}{\partial x}=\frac{b_j}{2\Delta},\quad \frac{\partial\psi_k}{\partial x}=\frac{b_k}{2\Delta}$$

$$\frac{\partial\psi_i}{\partial y}=\frac{c_i}{2\Delta},\quad \frac{\partial\psi_j}{\partial y}=\frac{c_j}{2\Delta},\quad \frac{\partial\psi_k}{\partial y}=\frac{c_k}{2\Delta}$$

$$\frac{\partial\widetilde{H}}{\partial t}=\psi_i\frac{\mathrm{d}H_i}{\mathrm{d}t}+\psi_j\frac{\mathrm{d}H_j}{\mathrm{d}t}+\psi_k\frac{\mathrm{d}H_k}{\mathrm{d}t}$$

如 i 点位于第二类边界 Γ_2 上（图 5－4），则 ψ_i 在 $abjk$ 上为零。式（3－14）中的

$$\sum_e\int_l q\psi_i\mathrm{d}s=\int_{aik}q\psi_i\mathrm{d}s$$

如单宽流量 q 在 ai 和 ik 上分别为 q_{ai} 和 q_{ik}，则

$$\int_{aik}q\psi_i\mathrm{d}s=q_{ai}\int_{ai}\psi_i\mathrm{d}s+q_{ik}\int_{ik}\psi_i\mathrm{d}s$$

ψ_i 沿 ik 和 ai 上是线性变化的，由此不难求得在 ik 上，该函数为（薛禹群和谢春红，1980）

$$\psi_i=1-\frac{s}{L_{ik}}$$

式中：s 为从 i 点算起的长度；L_{ik} 为线段 ik 的长度。

于是

$$\int_{ik}\psi_i\mathrm{d}s=\int_0^{L_{ik}}\left(1-\frac{s}{L_{ik}}\right)\mathrm{d}s=\frac{L_{ik}}{2}$$

同理可得 ai 段上的线性积分值。于是有

$$\int_{aik}q\psi_i\mathrm{d}s=\frac{1}{2}(q_{ai}L_{ai}+q_{ik}L_{ik})$$

式中：L_{ai} 为线段 ai 的长度。

所以对结点 i 而言，这一部分水量相当于 i 点两侧各一半单元边长的侧向补给量。Γ_2 上的其他结点也按此方法计算。若 i 点为第一、第二类边界的交界点，如 ai 段为第一类边界，a 点水头已知，ik 位于 Γ_2 上，则此项值为 $\frac{1}{2}q_{ik}L_{ik}$。

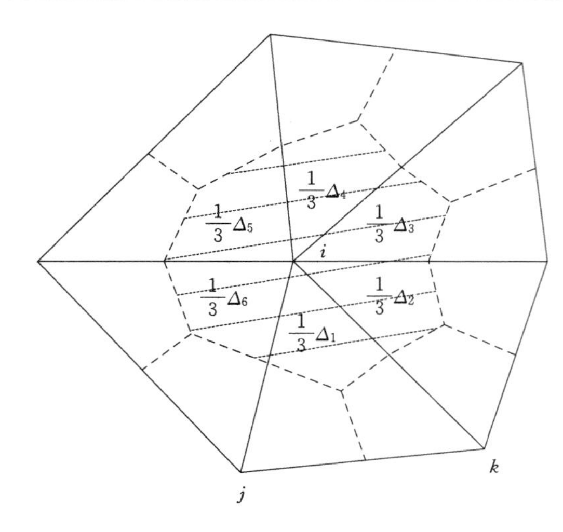

图 3-5　源汇项的计算域

式（3-14）中有关源汇项的积分，利用积分公式（薛禹群和谢春红，1980）：

$$\iint_e \psi_i \mathrm{d}x\mathrm{d}y = \frac{\Delta_e}{3} \tag{3-25}$$

有

$$\sum_{e=1}^{m}\iint_e w\psi_i \mathrm{d}x\mathrm{d}y = \sum_{e=1}^{m'} w^e \iint_e \psi_i \mathrm{d}x\mathrm{d}y = \sum_{e=1}^{m'} \frac{\Delta_e}{3} w^e$$

式中：w^e 为该单元上 w 的平均值。故对结点 i 来说，源汇项相当于图 3-5 中阴影部分的垂向交换水量。

把它们一起代入式（3-14），对于第二类边界上的结点可得

$$\sum_{e=1}^{m'}\iint_e \left\{ T^e \left[\frac{1}{2\Delta_e}(b_i H_i + b_j H_j + b_k H_k)\frac{b_i}{2\Delta_e} + \frac{1}{2\Delta_e}(c_i H_i + c_j H_j + c_k H_k)\frac{c_i}{2\Delta_e} \right] \right\} \mathrm{d}x\mathrm{d}y$$
$$+ \sum_{e=1}^{m'}\iint_e S^e \left(\psi_i \frac{\mathrm{d}H_i}{\mathrm{d}t} + \psi_j \frac{\mathrm{d}H_j}{\mathrm{d}t} + \psi_k \frac{\mathrm{d}H_k}{\mathrm{d}t} \right) \psi_i \mathrm{d}x\mathrm{d}y = \sum_{e=1}^{m'} \frac{\Delta_e}{3} w^e + \frac{1}{2}(q_{ai}L_{ai} + q_{ik}L_{ik})$$

利用积分公式（薛禹群和谢春红，1980）

$$\iint_e \psi_i \psi_j \mathrm{d}x\mathrm{d}y = \begin{cases} \dfrac{\Delta_e}{6} & (i = j) \\ \dfrac{\Delta_e}{12} & (i \neq j) \end{cases} \tag{3-26}$$

式（3-26）可以化为

$$\sum_{e=1}^{m'} \left\{ \frac{T^e}{4\Delta_e} [(b_i b_i + c_i c_i) H_i + (b_i b_j + c_i c_j) H_j + (b_i b_k + c_i c_k) H_k] \right.$$
$$\left. + S^e \left(\frac{\Delta_e}{6} \frac{\mathrm{d}H_i}{\mathrm{d}t} + \frac{\Delta_e}{12} \frac{\mathrm{d}H_j}{\mathrm{d}t} + \frac{\Delta_e}{12} \frac{\mathrm{d}H_k}{\mathrm{d}t} \right) \right\} = \sum_{e=1}^{m'} \frac{\Delta_e}{3} w^e + \frac{1}{2}(q_{ai}L_{ai} + q_{ik}L_{ik}) \tag{3-27}$$

式中：T^e、S^e、Δ_e 分别为单元 e 上导水系数、贮水系数的平均值和单元 e 面积。

如结点 i 是内结点，ψ_i 在周界上为零，故

$$\int_l q\psi_i \mathrm{d}s = 0$$

即式（3-24）中最后一项应为零。

用同样的方法列出其他内结点和第二类边界结点的方程。n 个这样的结点，一共可以得到 n 个含 n 个未知数的一阶常微分方程。如

$$d_{i,1}H_1 + d_{i,2}H_2 + \cdots + d_{i,n}H_n + d_{i,n+1}H_{n+1} + \cdots + d_{i,N}H_N + p_{i,1}\frac{\mathrm{d}H_1}{\mathrm{d}t} + p_{i,2}\frac{\mathrm{d}H_2}{\mathrm{d}t} + \cdots$$
$$+ p_{i,n}\frac{\mathrm{d}H_n}{\mathrm{d}t} + p_{i,n+1}\frac{\mathrm{d}H_{n+1}}{\mathrm{d}t} + \cdots + p_{i,N}\frac{\mathrm{d}H_N}{\mathrm{d}t} = f_i$$

由于第一类边界 Γ_1 上结点的水头及其对时间的导数是已知的，式（3-27）中涉及结

点 $n+1$、$n+2$、…、N 的水头及其对时间的导数项应按式（3-15）移到等式的右端，于是可得与式（3-15）相应的方程为

$$\begin{bmatrix} d_{1,1} & d_{1,2} & \cdots & d_{1,n} \\ d_{2,1} & d_{2,2} & \cdots & d_{2,n} \\ \vdots & \vdots & \cdots & \vdots \\ d_{n,1} & d_{n,2} & \cdots & d_{n,n} \end{bmatrix} \begin{Bmatrix} H_1 \\ H_2 \\ \vdots \\ H_n \end{Bmatrix} + \begin{bmatrix} p_{1,1} & p_{1,2} & \cdots & p_{1,n} \\ p_{2,1} & p_{2,2} & \cdots & p_{2,n} \\ \vdots & \vdots & \cdots & \vdots \\ p_{n,1} & p_{n,2} & \cdots & p_{n,n} \end{bmatrix} \begin{Bmatrix} \frac{\mathrm{d}H_1}{\mathrm{d}t} \\ \frac{\mathrm{d}H_2}{\mathrm{d}t} \\ \vdots \\ \frac{\mathrm{d}H_n}{\mathrm{d}t} \end{Bmatrix} = \begin{Bmatrix} F_1 \\ F_2 \\ \vdots \\ F_n \end{Bmatrix} \tag{3-28}$$

其中
$$d_{i,j} = \frac{T^e}{4\Delta_e}(b_i b_j + c_i c_j)$$

这是对各向同性介质而言的，如果是各向异性介质，则有

$$d_{i,j} = \frac{1}{4\Delta_e}(T^e_{xx} b_i b_j + T^e_{xy} b_i c_j + T^e_{yx} b_j c_i + T^e_{yy} c_i c_j)$$

如果坐标轴选得和渗透系数张量的主方向平行，则

$$d_{i,j} = \frac{1}{4\Delta_e}(T^e_{xx} b_i b_j + T^e_{yy} c_i c_j)$$

而

$$p_{i,j} = \begin{cases} \frac{\Delta_e}{12} S^e & (i \neq j) \\ \frac{\Delta_e}{6} S^e & (i = j) \end{cases}$$

$$f_i = \begin{cases} \frac{\Delta_e}{3} w^e + \frac{q}{2} L_{ik} & \text{如单元边 } ik \text{ 位于 } \Gamma_2 \text{ 上} \\ \frac{\Delta_e}{3} w^e & \text{如 } i \text{ 为内结点} \end{cases}$$

其中矩阵 $[D]$、$[P]$ 和矢量 $\{F\}$ 的元素分别为

$$D_{i,j} = \sum_e d_{i,j}, \quad P_{i,j} = \sum_e p_{i,j}$$

$$F_i = \sum_e \{f\} - [D]\{H'\} - [P]\left\{\frac{\mathrm{d}H'}{\mathrm{d}t}\right\}$$

其中 $[D]\{H'\}$ 和 $[P]\left\{\frac{\mathrm{d}H'}{\mathrm{d}t}\right\}$ 由 $\sum_e d_{i,j} H_j$ 及 $\sum_e p_{i,j} \frac{\mathrm{d}H_j}{\mathrm{d}t}(j = n+1, n+2, \cdots, N)$ 组成。

式（3-28）即式（3-15）。把其中的 $\frac{\mathrm{d}H}{\mathrm{d}t}$ 化为差分形式，即得式（3-16）或式（3-17）。求解此方程组即得各结点的水头值。

如果某单元 e 上还有越流项 $\frac{K_z}{m}(H_z - H)$，也可作类似处理，在有关结点的式（3-13）的左端加上

$$-\iint_\Omega \frac{K_z}{m} H_z \psi_i \mathrm{d}x\mathrm{d}y + \iint_\Omega \sum_{j=1}^{N} \frac{K_z}{m} \psi_i \psi_j H_j \mathrm{d}x\mathrm{d}y$$

于是式（3-15）将改为

$$[D]\{H\}+[G]\{H\}+[P]\left\{\frac{\mathrm{d}H}{\mathrm{d}t}\right\}=\{F\} \tag{3-29}$$

式中组成矩阵 $[G]$ 和矢量 $\{F\}$ 的元素为

$$G_{i,j}=\sum_e g_{i,j},\quad g_{i,j}=\iint_e \frac{K_z}{m^e}\psi_i\psi_j\mathrm{d}x\mathrm{d}y$$

$$F_i=\sum_e f_i-[D]\{H'\}-[P]\left\{\frac{\mathrm{d}H'}{\mathrm{d}t}\right\}$$

$$f_i=\iint_e w^e\psi_i\mathrm{d}x\mathrm{d}y+\int_l q\psi_i\mathrm{d}s+\iint_e\frac{K_z^e}{m^e}H_z^e\psi_i\mathrm{d}x\mathrm{d}y$$

式中：K_z^e、m^e、H_z^e 分别为越流所通过的弱透水层的垂向渗透系数、厚度和补给层水头在该单元上的平均值。

如采用线性三角形单元，则只要在有关结点的式（3-27）中，在方程的左端加上

$$-\frac{\Delta_e}{3}\frac{K_z^e}{m^e}H_z^e+\frac{K_z^e}{m^e}\left(\frac{\Delta_e}{6}H_i+\frac{\Delta_e}{12}H_j+\frac{\Delta_e}{12}H_k\right)$$

此时式（3-29）中的有关元素为

$$g_{i,j}=\begin{cases}\dfrac{\Delta_e}{12}\dfrac{K_z^e}{m^e} & (i\neq j)\\[2ex] \dfrac{\Delta_e}{6}\dfrac{K_z^e}{m^e} & (i=j)\end{cases}$$

$$f_i=\begin{cases}\dfrac{\Delta_e}{3}\left(w^e+\dfrac{K_z^e}{m^e}H_z^e\right)+\dfrac{q}{2}L_{ik} & (\text{如 } ik \text{ 位于 } \Gamma_2 \text{ 上})\\[2ex] \dfrac{\Delta_e}{3}\left(w^e+\dfrac{K_z^e}{m^e}H_z^e\right) & (\text{如 } i \text{ 为内结点})\end{cases}$$

最终形成的式（3-16b）中的渗透矩阵 $[A]$ 为

$$[A]=[[D]\Delta t+[G]\Delta t+[P]]$$

如果结点 i 上还有流量为 Q_i 的抽水井，井心位于结点，则应在式（3-14）的右端加上一项

$$-\int_{\Gamma_w}\frac{Q_i}{2\pi r_{w_i}}\psi_i\mathrm{d}s$$

井径 r_w 通常很小，基函数在井周界 Γ_w 上的值可视为它在 i 点上的值 ψ_i，此时 $\psi_i=1$。于是

$$-\int_{\Gamma_w}\frac{Q_i}{2\pi r_{w_i}}\psi_i\mathrm{d}s=-\int_0^{2\pi r_{wi}}\frac{Q_i}{2\pi r_{w_i}}\mathrm{d}s=-Q_i \tag{3-30}$$

意味着只要在相应结点的方程的右端减去一个井流量 Q_i。Ω 内其他的井，由于 ψ_i 的性质，它对 i 点没有影响。没有井的结点，此项为零。如为注水井则加上一个井流量。如抽（注）水井位于单元内部，井心坐标为 (x_w, y_w)，流量 Q（注水井 $Q<0$），则把它看成是井管面积 F_w 上，单位时间、单位面积上的垂向流出（入）含水层的水量 $w=-\dfrac{Q}{F_w}$，在单元的其他地段则为零。于是对单元 e 上的结点 i、j、k 依次有

$$\iint_{F_w}-\frac{Q}{F_w}\psi_i(x,y)\mathrm{d}x\mathrm{d}y=-Q\psi_i(x_w,y_w)=-\frac{Q}{2\Delta_e}(a_i+b_ix_w+c_iy_w)$$

$$\iint_{F_w} -\frac{Q}{F_w}\psi_j(x,y)\mathrm{d}x\mathrm{d}y = -Q\psi_j(x_w,y_w) = -\frac{Q}{2\Delta_e}(a_j + b_j x_w + c_j y_w)$$

$$\iint_{F_w} -\frac{Q}{F_w}\psi_k(x,y)\mathrm{d}x\mathrm{d}y = -Q\psi_k(x_w,y_w) = -\frac{Q}{2\Delta_e}(a_k + b_k x_w + c_k y_w)$$

由于 $\psi_i+\psi_j+\psi_k=1$，抽（注）水井流量在上式中按三个结点的基函数值作为权分配到各个结点上，其和恰等于井流量。只要 i、j、k 点都不在 Γ_1 上，就应在相应结点方程的右端减去（注水井为加）分配所得的上述这部分流量。如抽水井位于形心，则各结点分别分配到 $Q/3$。

最后应指出，有限元法不论 Rayleigh - Ritz 法还是 Galerkin 法，它们的最终结果式（3 - 28）还是一致的；其次，两种方法一般都是从整体质量守恒出发。如 Galerkin 法来源于加权剩余使整体（整个渗流区 Ω）的误差最小。整体质量守恒了，但对 Ω 内某一个小区来说不一定都能保证质量守恒。局部可能质量不守恒是有限元法的主要缺陷。由此，有时可能引起模拟非稳定流预报地下水位时在开始阶段水位变化出现异常。即抽水时有些结点的模拟水位有时反而会上升。Neuman 等（1976）指出把贮水矩阵改为对角阵时，上述反常现象会得到很大改善。此时需要把某结点 i 的水头变化 $\left(\frac{\partial H}{\partial t}\right)_i$ 近似地看作 $\frac{\partial H}{\partial t}$ 在 Ω_i 中的平均值，即用 i 点的水位变化 $\left(\frac{\partial H}{\partial t}\right)_i$ 来近似地代表 $\frac{\partial H}{\partial t}$ 在 Ω_i 中的变化。如 e 为 Ω_i 中的一个任意单元，则有

$$\iint_e S\frac{\partial H}{\partial t}\psi_i \mathrm{d}x\mathrm{d}y = \left(\frac{\mathrm{d}H}{\mathrm{d}t}\right)_i \iint_e S\psi_i \mathrm{d}x\mathrm{d}y = S^e\frac{\Delta_e}{3}\left(\frac{\mathrm{d}H}{\mathrm{d}t}\right)_i$$

同时，式（3 - 27）也要相应地改为

$$\sum_{e=1}^{m'}\left\{\frac{T^e}{4\Delta_e}[(b_ib_i+c_ic_i)H_i+(b_ib_j+c_ic_j)H_j+(b_ib_k+c_ic_k)H_k]\right\}+S^e\frac{\Delta_e}{3}\frac{\mathrm{d}H_i}{\mathrm{d}t}=f_i \tag{3-31}$$

在最终形成的常微分方程组 $[D]\{H\}+[P]\left\{\frac{\mathrm{d}H}{\mathrm{d}t}\right\}=\{F\}$ 中，矩阵 $[P]$ 的元素为

$$p_{i,j}=\begin{cases} S^e\frac{\Delta_e}{3} & (i=j) \\ 0 & (i\neq j)\end{cases}$$

此时 $[P]$ 就成了对角阵，$[D]$ 和 $\{F\}$ 的元素则不变。

三、系数矩阵的存贮和线性代数方程组的解法

（一）系数矩阵存贮方式的讨论

有限元法形成的系数矩阵（渗透矩阵）$[A]$ 有下列特点：

1. 高度稀疏性

从组成矩阵 $[A]$ 的元素：

$$d_{i,j}=\iint_e T^e\left(\frac{\partial\psi_i}{\partial x}\frac{\partial\psi_j}{\partial x}+\frac{\partial\psi_i}{\partial y}\frac{\partial\psi_j}{\partial y}\right)\mathrm{d}x\mathrm{d}y$$

$$p_{i,j}=\iint_e S^e\psi_i\psi_j\mathrm{d}x\mathrm{d}y$$

来看，由于基函数的特点，ψ_i 只在共有结点 i 的几个单元上不为 0，其他单元上均为 0；ψ_j 也只在共有结点 j 的几个单元上不为 0，其他单元上均为 0，所以 $d_{i,j}$ 和 $p_{i,j}$ 就只有在共有结点 i 和 j 的极少数几个单元上（也即共有结点 i 的几个单元和共有结点 j 的几个单元中能彼此重叠的几个单元）不为零，其余大量单元上都是 0。因此矩阵［A］是高度稀疏的，非零元素的个数和矩阵的阶数相比，一般不超过 10%，矩阵的阶数大时，一般不超过 5%。

2. 对称性

即使各向异性介质，渗透系数或导水系数也是对称张量，从 $d_{i,j}$ 和 $p_{i,j}$ 的特征可以看出所形成的矩阵是对称的。所以只要存贮一半，另一半元素可以利用对称性求得。

3. 非零元素分布的规则性

只要结点编号方法选择得合理，$d_{i,j}$ 和 $p_{i,j}$ 的上述特征决定了这些非零元素在矩阵［A］中位于主对角线的两侧，呈带状分布。

鉴于系数矩阵的高度稀疏性，如果不加任何处理，就要对那些 0 进行无效运算，为此有必要把这些零元素从存贮中去掉，以加快运算速度。现在介绍一种能有效节省存贮量的存贮方法-变带宽一维存贮法。为此先介绍带宽的概念。所谓带宽是指在每行中，一般地说从第一个非零元素起，到对角线元素为止的元素的个数（实际上只包括了大约一半元素，并不是这一行的全部非零元素，故实为半带宽）。设第 i 行的带宽为 $nn[i]$，则

$$nn[i] \leqslant n$$

式中：n 为该矩阵的阶（方程的个数）。

矩阵［A］各行带宽的总和（即总带宽）为 $mR=\sum_{i=1}^{n} nn[i]$，此时，如果元素 $a_{i,j}(j\leqslant i)$ 作为一维数组 $G[1:mR]$ 的元素而言，则是第 $\sum_{p=1}^{i} nn[p]-(i-j)$ 个元素。既然元素按带状分布，假如我们只对带状区域内的元素进行编号，摒弃带外的零元素，在计算过程中可以大大节省总存贮量。这就要求带外的零元素在计算过程中始终保持为零，或者说在计算过程中保持［A］的带状和带宽。

采用一维数组 $G[1:mR]$ 进行存贮，此时整个［A］只存贮它的下三角形部分（包括对角线元素）的元素，按行的次序一行接一行地排成一维数组存入计算机中。对每一行来说，事实上只存贮它最左边第一个非零元素起，到对角线元素为止的所有元素（包括带内的零元素）。逐行累加依次对各元素进行编号，并用下标变量 $M[i]$ 表示第 i 行最后一个元素（即对角线元素 $a_{i,i}$）的编号。为方便起见，通常规定 $M[0]=0$。由 $M[i]$ 的含义可知，第 i 行元素共有 $nn[i]$ 个。这些元素的编号依次为

$$M[i-1]+1、M[i-1]+2、\cdots、M[i-1]+nn[i]=M[i]$$

为了便于理解，下面通过一个六阶带状对称正定矩阵［A］的例子来具体了解上述编号规则。编号规则如下：

$$[A]=\begin{bmatrix} a_{11}^{(1)} & & & & & \\ a_{21}^{(2)} & a_{22}^{(3)} & & & & \\ a_{31}^{(4)} & a_{32}^{(5)} & a_{33}^{(6)} & & & \\ 0 & 0 & 0 & a_{44}^{(7)} & & \\ 0 & 0 & 0 & a_{54}^{(8)} & a_{55}^{(9)} & \\ 0 & 0 & 0 & a_{64}^{(10)} & a_{65}^{(11)} & a_{66}^{(12)} \end{bmatrix}$$

每个元素 $a_{i,j}$ 右上角括弧内的数字就是按一维数组存贮时相应的编号，一共有 12 个元素。用一维数组 $G[1:12]$ 来存贮这些编号元素，即 $G[1]$、$G[2]$、…、$G[12]$ 中存放的元素分别为 a_{11}、a_{21}、a_{22}、…、a_{66}。此外，还要用一个一维辅助数组 $M[1:6]$ 来存放对角线元素的编号，即 $M[1]=1$、$M[2]=3$、$M[3]=6$、$M[4]=7$、$M[5]=9$、$M[6]=12$。

每行的带宽

$$nn[i]=M[i]-M[i-1]\quad (i=1,2,\cdots,6)$$

即 $nn[1]=1$，$nn[2]=2$，$nn[3]=3$，$nn[4]=1$，$nn[5]=2$，$nn[6]=3$。这样带状区域内输入计算机的每一个元素对应于一个编号；反之，每一个编号也对应于一个元素。带状区域以外的零元素不予存贮。

下一步还必须知道在一维数组中编号为 m 的元素位于矩阵 $[A]$ 中哪一行哪一列，即如何求得 $[A]$ 中 i 行 j 列元素的编号。为此需要讨论一维元素编号 m 和下标 i、j 之间的关系。设 $a_{i,j}$ 是带状区域内需要输入计算机的一个元素，其编号为 m。由于 $a_{i,j}$ 位于 i 行，所以有

$$M[i-1]<m\leqslant M[i]\qquad (3-32)$$

如果 $i\neq j$，则 $a_{i,j}$ 必位于 $a_{i,i}$ 的左边。$a_{i,j}$ 至 $a_{i,i}$ 之间还有 $i-j$ 个元素（图 3-6），即

$$m+i-j=M[i]$$

或

$$m=M[i]-i+j\qquad (3-33)$$

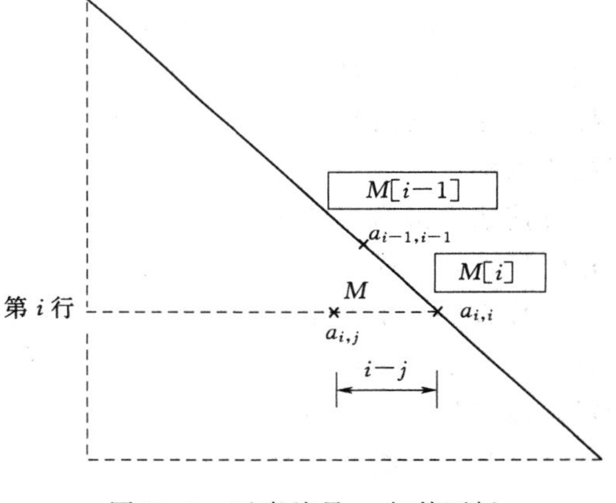

图 3-6　元素编号 m 与其下标

此式表明编号为 m 的元素位于哪一列，即

$$j=i-M[i]+m\qquad (3-34)$$

利用式（3-32）和式（3-34）可知 G 中编号 i、j 的关系为 m 的元素位于哪一行哪一列。反之，由式（3-33）可知 $[A]$ 中第 i 行 j 列元素在 G 中的编号。因为由 i 就可以知道 $M[i]$ 的数值。知道了 $M[i]$、i、j 以后，式（3-33）会提供编号 m 的值。由于 i 行第一个非零元素的编号为 $M[i-1]+1$，所以由式（3-34）还可以知道它必位于第 $i-M[i]+M[i-1]+1$ 列。

由式（3-32）、式（3-33）得

$$i-j<M[i]-M[i-1]\qquad (3-35)$$

上式可用来判别任一元素 $a_{i,j}$ 是否编了号。若 i、j 满足式（3-35）表示对 $a_{i,j}$ 已经编了号。

现以上述六阶矩阵为例来说明 m、i、j 之间的转换。如已知 $a_{i,j}$ 的一维数组编号 m 为 4，i、j 是多少？m 必须满足式（3-32），今 $m=4$，位于 $M[2]=3$，$M[3]=6$ 之间，故 $i=3$。再由式（3-34）得 $j=1$。即编号为 4 的元素为 $a_{3,1}$。

已知 $a_{5,4}$，它在一维数组中的编号是多少？由式（3-33）得 $m=8$。

第 4 行第一个非零元素位于哪一列？由 $j=i-M[i]+M[i-1]+1$ 知 $j=4$。

（二）改进平方根法

如前所述，用有限元法求解地下水流问题一般归结为求解具有对称、正定系数矩阵的线性代数方程组。下面我们来讨论对它的求解。

设求解的线性代数式为

$$[A]\{H\}=\{B\} \tag{3-36}$$

其中系数矩阵 $[A]=(a_{i,j})$ 设为正定阵。而

$$\{H\}=\begin{Bmatrix} H_1 \\ H_2 \\ \vdots \\ H_n \end{Bmatrix} \quad \{B\}=\begin{Bmatrix} B_1 \\ B_2 \\ \vdots \\ B_n \end{Bmatrix}$$

分别为有 n 个未知量组成的未知矢量和 n 个已知量组成的右端矢量。

当 $[A]$ 的行列式不为零时，式（3-36）一定有唯一的解（薛禹群和谢春红，1980）。解的方法通常有两类：一类是迭代法，如超松弛迭代法等，将在第四章中介绍。这种方法往往费时较多。在结点不是太多，计算机存贮量许可的条件下，最好采用另一类直接法求解。

直接法中最常用的是改进平方根法（LDL^T）或 Cholesky 法。这种方法充分利用矩阵对称的特点，压缩存贮量，求解手续简便易行，求解速度比较快，结果良好。

这种方法先把对角线元素均大于零的对称矩阵 $[A]$ 分解为三个矩阵的乘积。这三个矩阵一个是下三角形矩阵，一个是上三角形矩阵（为下三角形矩阵的转置矩阵），另一个为对角线矩阵。然后将一个线性代数式（3-36）的求解，化为上三角形代数方程组和下三角形代数方程组两步来求解。即若

$$[A]=[L][D][L]^T \tag{3-37}$$

其中

$$[L]=\begin{bmatrix} l_{1,1} & & & \\ l_{2,1} & l_{2,2} & & \\ \vdots & \vdots & \ddots & \\ l_{n,1} & l_{n,2} & \cdots & l_{n,n} \end{bmatrix}$$

$$[D]=\begin{bmatrix} \frac{1}{l_{1,1}} & & & \\ & \frac{1}{l_{2,2}} & & \\ & & \ddots & \\ & & & \frac{1}{l_{n,n}} \end{bmatrix}$$

$[L]^{\mathrm{T}}$ 为 $[L]$ 的转置矩阵

$$[L]^{\mathrm{T}}=\begin{bmatrix} l_{1,1} & l_{2,1} & \cdots & l_{n,1} \\ & l_{2,2} & \cdots & l_{n,2} \\ & & \ddots & \vdots \\ & & & l_{n,n} \end{bmatrix}$$

则式（3－36）变为

$$[L]\{D\}[L]^{\mathrm{T}}\{H\}=\{B\} \tag{3-38}$$

如果令

$$[D][L]^{\mathrm{T}}\{H\}=\{y\} \tag{3-39}$$

则有

$$[L]\{y\}=\{B\} \tag{3-40}$$

因而解式（3－36）$[A]\{H\}=\{B\}$ 的问题变为先由式（3－40）$[L]\{y\}=\{B\}$ 计算出中间变量 $\{y\}$，然后由式（3－39）$[D][L]^{\mathrm{T}}\{H\}=\{y\}$ 求解出方程组的解 $\{H\}$ 的问题。

由式（3－40）展开得

$$\begin{gathered} l_{1,1}y_1=B_1 \\ l_{2,1}y_1+l_{2,2}y_2=B_2 \\ \vdots \\ l_{n,1}y_1+l_{n,2}y_2+\cdots+l_{n,n}y_n=B_n \end{gathered}$$

因此，可自上而下地逐个确定 y_1、y_2、…、y_n。即由第一式得

$$y_1=\frac{B_1}{l_{1,1}} \tag{3-41}$$

把它代入第二式，解得

$$y_2=\frac{1}{l_{2,2}}(B_2-l_{2,1}y_1)$$

然后把解得的 y_1、y_2 代入第三式解出 y_3

$$y_3=\frac{1}{l_{3,3}}(B_3-l_{3,1}y_1-l_{3,2}y_2)$$

依次类推，最后可以解得 y_n。这些公式可以合并为一个递推公式

$$\begin{aligned} y_i &= \frac{1}{l_{i,i}}(B_i-l_{i,1}y_1-l_{i,2}y_2-\cdots-l_{i,i-1}y_{i-1}) \\ &= \frac{1}{l_{i,i}}\left(B_i-\sum_{p=1}^{i-1}l_{i,p}y_p\right) \quad (i=2,3,\cdots,n) \end{aligned} \tag{3-42}$$

解得 $\{y\}$ 后，下一步为解出方程组的解 $\{H\}$。由于

$$[D][L]^{\mathrm{T}}=\begin{bmatrix} \frac{1}{l_{1,1}} & & & \\ & \frac{1}{l_{2,2}} & & \\ & & \ddots & \\ & & & \frac{1}{l_{n,n}} \end{bmatrix}\begin{bmatrix} l_{1,1} & l_{2,1} & \cdots & l_{n,1} \\ & l_{2,2} & \cdots & l_{n,2} \\ & & \ddots & \vdots \\ & & & l_{n,n} \end{bmatrix}$$

$$
=\begin{bmatrix} 1 & \frac{l_{2,1}}{l_{1,1}} & \cdots & \frac{l_{n,1}}{l_{1,1}} \\ & 1 & \cdots & \frac{l_{n,2}}{l_{2,2}} \\ & & \ddots & \vdots \\ & & & 1 \end{bmatrix}
$$

所以$[D][L]^{T}\{H\}=\{y\}$可以写成下列形式

$$
\begin{gathered}
H_1+\frac{l_{2,1}}{l_{1,1}}H_2+\frac{l_{3,1}}{l_{1,1}}H_3+\cdots+\frac{l_{n,1}}{l_{1,1}}H_n=y_1 \\
\vdots \\
H_i+\frac{l_{i+1,i}}{l_{i,i}}H_{i+1}+\cdots+\frac{l_{n,i}}{l_{i,i}}H_n=y_i \\
\vdots \\
H_n=y_n
\end{gathered}
$$

由此可以自下而上地确定 H_n、H_{n-1}、…、H_1，即

$$
H_n=y_n \tag{3-43}
$$

$$
\begin{aligned}
H_i &= y_i-\left(\frac{l_{i+1,i}}{l_{i,i}}H_{i+1}+\cdots+\frac{l_{n,i}}{l_{i,i}}H_n\right) \\
&= y_i-\sum_{j=i+1}^{n}\frac{l_{j,i}}{l_{i,i}}H_j \quad (i=n-1,n-2,\cdots,1)
\end{aligned} \tag{3-44}
$$

这就是代数式（3-36）的解。

解找到了，但问题还没有全部解决。剩下的一个问题是如何由矩阵［A］推出组成矩阵［L］的各个元素 $l_{i,j}(i\geqslant j)$。由于

$$
[D][L]^{T}=\begin{bmatrix} 1 & \frac{l_{2,1}}{l_{1,1}} & \cdots & \frac{l_{n,1}}{l_{1,1}} \\ & 1 & \cdots & \frac{l_{n,2}}{l_{2,2}} \\ & & 1 & \frac{l_{n,i}}{l_{i,i}} \\ & & & 1 \end{bmatrix}
$$

所以

$$
[L][D][L]^{T}=\begin{bmatrix} l_{1,1} & & & & & \\ l_{2,1} & l_{2,2} & & & & \\ \vdots & \vdots & \ddots & & & \\ l_{i,1} & l_{i,2} & \cdots & l_{i,i} & & \\ \vdots & \vdots & & \vdots & \ddots & \\ l_{n,1} & l_{n,2} & & \cdots & & l_{n,n} \end{bmatrix}\begin{bmatrix} 1 & \frac{l_{2,1}}{l_{1,1}} & & \cdots & & \frac{l_{n,1}}{l_{1,1}} \\ & 1 & & \cdots & & \frac{l_{n,2}}{l_{2,2}} \\ & & \ddots & & & \vdots \\ & & & 1 & \cdots & \frac{l_{n,i}}{l_{i,i}} \\ & & & & \ddots & \vdots \\ & & & & & 1 \end{bmatrix}
$$

$$
=\begin{bmatrix}
l_{1,1} & & & & \text{对称} \\
l_{2,1} & \dfrac{l_{2,1}^2}{l_{1,1}}+l_{2,2} & & & \\
\vdots & \vdots & \ddots & & \\
l_{i,1} & \dfrac{l_{i,1}l_{2,1}}{l_{1,1}}+l_{i,2} & \cdots & \dfrac{l_{i,1}^2}{l_{1,1}}+\dfrac{l_{i,2}^2}{l_{2,2}}+\cdots+\dfrac{l_{i,i-1}^2}{l_{i-1,i-1}}+l_{i,i} & \\
\vdots & \vdots & & \vdots & \ddots \\
l_{n,1} & \dfrac{l_{n,1}l_{2,1}}{l_{1,1}}+l_{n,2} & & \cdots & \dfrac{l_{n,1}^2}{l_{1,1}}+\dfrac{l_{n,2}^2}{l_{2,2}}+\cdots+\dfrac{l_{n,n-1}^2}{l_{n-1,n-1}}+l_{n,n}
\end{bmatrix}
$$

显然上式右端应等于［A］。由此得

$$a_{1,1}=l_{1,1}$$

$$a_{2,1}=a_{1,2}=l_{2,1}$$

$$\vdots$$

$$a_{i,j}=a_{j,i}=\frac{l_{i,1}l_{j,1}}{l_{1,1}}+\frac{l_{i,2}l_{j,2}}{l_{2,2}}+\cdots+\frac{l_{i,j-1}l_{j,j-1}}{l_{j-1,j-1}}+l_{i,j}$$

利用上述关系式，可以依次求出各 $l_{i,j}$ 值。归结起来，可以得到下列求 $l_{i,j}$ 的递推公式为

$$l_{i,j}=a_{i,j}-\sum_{p=1}^{j-1}\frac{l_{i,p}l_{j,p}}{l_{p,p}}\quad(j\leqslant i\leqslant n;i,j=1,2,\cdots,n)\tag{3-45}$$

解得 $l_{i,j}$后，就可以把矩阵［A］分解为［L］［D］［L］^{T}，然后按式（3－41）、式（3－42）来确定｛y｝，接着再按式（3－43）、式（3－44）来确定｛H｝，从而求得线性代数式（3－36）的解。

第四章　反求模型参数的数值法

一、基本概念

自然界的事物或现象之间往往存在着一定的自然顺序，如时间顺序、空间顺序、因果顺序等。所谓正问题，一般是按着这种自然顺序来研究事物的演化过程或分布形态，起着由因推果的作用；逆问题则是根据事物的演化结果，由可观测的现象来探求事物的内部规律或所受的外部影响，由表及里，起着倒果求因的作用。从系统论的角度来讲，正问题对应于给定系统在已知输入条件下求输出结果的问题，这些输出结果包含了系统的某些信息；而逆问题则是由输出结果的部分信息来反求系统的某些结构特征。在水文地质领域，一般把给定了定解条件和有关的水文地质参数，如渗透系数（或导水系数）、贮水系数等以后，求解渗流偏微分方程，解出水头 $H(x,y,z,t)$ 的问题称为正问题。反过来，根据地下水动态观测资料或野外试验资料认识水文地质条件，确定水文地质参数的问题称为逆问题或反问题。本章将扼要地来讨论一下求解逆问题的一些主要数值方法。解逆问题是地下水数值模拟中的一个重要课题，最近 20 多年来，随着地下水数值模拟的广泛应用，模型识别、参数估计等数值方法也得到迅速发展，为这一领域的发展开辟了广阔的前景。事实上也只有解决好了这些问题，预测工作（水量预测、污染预测）才能迎刃而解。然而几十年来虽然取得了很多进展，也有不少成功的算例，但由于逆问题本身的复杂性，解逆问题的理论和方法总的说来尚处于探索前进的阶段，还不成熟。因此，本教材也只限于简单地介绍一些基本概念和在地下水领域得到较广泛应用的一些方法。

地下水数值模拟过程中对所建立的模型要进行验证（模型的识别和检验），即利用已建立的模型通过解正问题去进行预报，看看计算所得的模拟值和观测孔中的实测值是否一致，误差是否足够的小。如果相差过大，就要修改模型即修改微分方程（通常是修改方程的系数，即水文地质参数）和边界条件，重新解正问题。这一过程反复进行，直到基本吻合，获得满意的结果为止。最后得到的这组值就作为所求参数的值。这个过程实际上就是一种解逆问题的过程。只有经过识别、检验，证明是符合实际的模型才能说代表所研究地质体或实际水流系统的数学模型已经建立，才能根据需要通过解正问题来进行预报（水位等）、计算流量等，并在此基础上评价地下水资源、寻找最佳开发利用方案，或预测矿坑涌水量、研究疏干方案，或预测污染物的运移、制定防治方案等。

1. 逆问题解的适定性

对于一个逆问题的求解来说，有几个问题需要考虑：

（1）根据实际资料反求偏微分方程的系数和边界条件，这样的解是不是存在（解的存在性）。

（2）所求得的解是不是唯一的（解的唯一性）。

（3）这个解对原始数据是不是连续依赖的，即当参数或定解条件发生微小变化时，所引起的解的变化是不是也是微小的。对于逆问题而言，意味着当实测资料有一定的微小误差时，反求出的水文地质参数的误差是不是也是微小的（解的稳定性）。

如果上述 3 个问题的回答都是肯定的，这个问题就是适定的，只要有一个条件不满足就是不适定的。要求解存在是不言而喻的，所以我们也不来进行讨论了，为此只对剩下的两个问题进行讨论。实际工作中，原始观测数据有某种误差在所难免，所以第三个条件很重要；否则，观测数据有微小的变化都会造成由逆问题求得的解产生很大的变动，这种情况称为逆问题的解对原始数据是不稳定的或不连续依赖的。

2. 逆问题解的不唯一性

由于水文地质参数虽然不同，仍可能出现相同的水头分布。因此，仅仅从水头的实测资料出发，不能唯一地确定水文地质参数。以下列二维承压水流方程为例来说明这种不唯一性（薛禹群和谢春红，1980）：

$$\frac{\partial}{\partial x}\left(T\frac{\partial H}{\partial x}\right)+\frac{\partial}{\partial y}\left(T\frac{\partial H}{\partial y}\right)+w=0 \quad （在\ \Omega\ 内）$$

式中符号意义同前。

若已知 Ω 内每一点的水头 $H(x,y)$ 和源汇项 w，需要反求参数 T，为此先把上式改写为

$$T\frac{\partial^2 H}{\partial x^2}+\frac{\partial T}{\partial x}\frac{\partial H}{\partial x}+T\frac{\partial^2 H}{\partial y^2}+\frac{\partial T}{\partial y}\frac{\partial H}{\partial y}+w=0 \tag{4-1}$$

而$\frac{\partial H}{\partial x}$、$\frac{\partial H}{\partial y}$、$\frac{\partial^2 H}{\partial x^2}$、$\frac{\partial^2 H}{\partial y^2}$和 w 根据假设都是已知的。为此，记 $a=\frac{\partial H}{\partial x}$，$b=\frac{\partial H}{\partial y}$，$c=\frac{\partial^2 H}{\partial x^2}+\frac{\partial^2 H}{\partial y^2}$，则式（4－1）可改写为

$$a\frac{\partial T}{\partial x}+b\frac{\partial T}{\partial y}+cT+w=0 \tag{4-2}$$

式（4－2）是关于 T 的一阶线性偏微分方程。它的通解包含一个任意函数，例如 T 是式（4－2）的一个解，T'是下列方程

$$a\frac{\partial T}{\partial x}+b\frac{\partial T}{\partial y}+cT=0 \tag{4-3}$$

的解，则 $T+dT'$也是式（4－2）的一个解，它能满足式（4－2），式中 d 是任意常数。因此，如果不另加条件，式（4－2）的解肯定不是唯一的。所以逆问题的解一般来说是不唯一的。但若适当地补充一些假定，那么求得逆问题正确解的可能性还是存在的。例如式（4－2）若还能知道 $T(x,y)$ 在渗流区内某条曲线上的 T 值［数学上称为式（4－2）的 Cauchy 条件］，这时式（4－2）的解就确定了。

3. 逆问题解对原始实测数据的不连续依赖性

为了说明这个问题，再次以下列二维承压渗流问题为例

$$T\left(\frac{\partial^2 H}{\partial x^2}+\frac{\partial^2 H}{\partial y^2}\right)+w=0 \quad （在\ \Omega\ 内） \tag{4-4}$$

$$H|_{\Gamma}=\varphi(x,y) \tag{4-5}$$

设已知 Ω 内水头 H 的分布和源汇项 w，求导水系数 $T(x,y)$。

由式（4－4），得

$$T=-\frac{w}{\frac{\partial^2 H}{\partial x^2}+\frac{\partial^2 H}{\partial y^2}}$$

若实测水头有一个误差 $\varepsilon(x,y)$，则 $H^*=H+\varepsilon$，其中 H 为水头的真值，H^* 为实测水头值，则计算得到的导水系数为

$$T^*=-\frac{w}{\frac{\partial^2 H}{\partial x^2}+\frac{\partial^2 H}{\partial y^2}+\left(\frac{\partial^2 \varepsilon}{\partial x^2}+\frac{\partial^2 \varepsilon}{\partial y^2}\right)}$$

所以

$$T-T^*=-\frac{w\left(\frac{\partial^2 \varepsilon}{\partial x^2}+\frac{\partial^2 \varepsilon}{\partial y^2}\right)}{\left(\frac{\partial^2 H}{\partial x^2}+\frac{\partial^2 H}{\partial y^2}+\frac{\partial^2 \varepsilon}{\partial x^2}+\frac{\partial^2 \varepsilon}{\partial y^2}\right)\left(\frac{\partial^2 H}{\partial x^2}+\frac{\partial^2 H}{\partial y^2}\right)} \tag{4-6}$$

ε 即使很小，但 $\frac{\partial^2 \varepsilon}{\partial x^2}$、$\frac{\partial^2 \varepsilon}{\partial y^2}$ 仍然可能很大，因而绝对误差 $|T-T^*|$ 可能很大。式（4－4）、式（4－5）虽然只是一个例子，但由此可见一般。上述讨论说明在解逆问题时，水头 $H(x,y)$ 的微小误差就可能给解 $T(x,y)$ 带来很大的误差。实际上观测孔的数量很有限，原始数据中的 H 值只能根据这些有限的资料通过适当加工（如各种插值方法）得到，由于各种原因在加工过程中误差不可避免。这么一来，这种逆问题的不适定性就给逆问题的求解带来困难。如不采取一些特殊的措施，也就不可能求得真实的参数。

4. 约束条件

如上述，逆问题求解的不唯一性和对原始数据的不稳定性，往往造成不同的水文地质参数都得出接近最优的结果，有时甚至出现（求出的）参数不合理的情况，例如求出的导水系数出现负值，贮水系数（或给水度）大于1。显然这种解毫无实际意义，不能说是水文地质上的解。为了得到逆问题的正确解，必须根据水文地质工作者对研究区水文地质条件的分析、判断和自己的经验，人为地限制参数所属的函数类和变化区间，以避免出现不合理的情况。这种在求目标函数极小值的过程中所加的限制条件就称为约束条件。常用的方法是假定未知参数 T、S 等在某一小区内是常数，在每个小区内参数的值又必须落在事先指定的上、下限之内。事实证明，逆问题的求解虽然一般没有唯一解和对原始数据的不稳定性，但若适当地给出一些约束条件，并有足够的实际观测资料对模型进行识别、检验，求得问题正确解的可能性还是存在的。所以后面介绍的方法都将以这种或那种形式包含有约束条件。

5. 解逆问题的方法

目前解逆问题的方法很多，大致可分为两类（Neuman，1973）：直接解法和间接解法。

直接解法就是从联系水头和水文地质参数的偏微分方程或它的离散形式出发，把方程中的水头代之以实际观测值，直接把未知的水文地质参数解出来。局部直接求逆法、数学规划法、罚函数直接法等都属于直接解法。由于直接解法一般不稳定，尽管采取了一些措施，但其稳定性仍然不能令人满意，加上所要求的实际观测资料比较多，通常要求每个格点都要有水头的已知值，所以用得很少，本教材也就不予介绍了。间接解法充分利用解正问题是适定的这一重要性质，把解逆问题化为解一系列的正问题。间接解法比较稳定，但

花的机时比较多。因此，目前还没有一个两全其美的办法。但正是由于间接法比较稳定、实用，所以目前一般都采用间接解法。具体操作时先给待定的水文地质参数 $\{\boldsymbol{k}\}$ 假设一组初值，然后再利用这一组参数和相应的水流模型去解正问题，计算出各点在 t_i 时刻的水头值 $H_j(t_i)$。设这时该点上（点号为 j）相应的水头观测值为 $H_j^{ob}(t_i)$，根据水头计算值（或称模拟值）和实测值之间的误差，不断地修改水文地质参数。如此反复修改，直至计算值和实测值相差很小（或称为很好拟合）时为止。这时的水文地质参数值就是所求的水文地质参数值。衡量计算值和实际观测值之间拟合程度的标准很多，不同的学者往往采用不同的方法。这里介绍一种国内学者常用的方法，即根据最小二乘法的原理，采用误差的平方和

$$E(k_1,k_2,\cdots,k_n)=\sum_{i=1}^{I}\sum_{j=1}^{J}[H_j(t_i)-H_j^{ob}(t_i)]^2 \tag{4-7}$$

作为评价函数（或目标函数）。也有采用误差的绝对值，即

$$E(k_1,k_2,\cdots,k_n)=\sum_{i=1}^{I}\sum_{j=1}^{J}|H_j(t_i)-H_j^{ob}(t_i)| \tag{4-8}$$

作为评价函数的。式中 i 和 j 分别表示比较时刻和观测点的编号，I 和 J 则分别为观测时刻和观测点的总数。由上式不难看出，评价函数 E 愈小，说明拟合得愈好，假设的这组参数就愈符合实际情况。改变水文地质参数 k_1，k_2，…，k_n 的值，就可以得到不同的目标函数值。有时会碰到这种情况，E 达到极小的一组参数还没有满足对计算水头和观测水头之间差值的精度要求。为了避免出现这样的情况，通常采用加权的办法。即把 E 取为

$$E(k_1,k_2,\cdots,k_n)=\sum_{i=1}^{I}\sum_{j=1}^{J}\omega_{i,j}[H_j(t_i)-H_j^{ob}(t_i)]^2 \tag{4-9}$$

其中 $\omega_{i,j}$ 为权因子。一般精度要求愈高，相应的 $\omega_{i,j}$ 取得也愈大。由此不难看出，解逆问题就转化为求一组参数 $\bar{k}_1$，$\bar{k}_2$，…，$\bar{k}_n$ 使得

$$E(\bar{k}_1,\bar{k}_2,\cdots,\bar{k}_n)=\text{极小} \tag{4-10}$$

同时满足约束条件

$$\alpha_i\leqslant\bar{k}_i\leqslant\beta_i\quad(i=1,2,\cdots,n) \tag{4-11}$$

的优化问题。α_i、β_i 为参数的下限和上限。根据计算所得 E 值的大小逐次修正假设的参数值，使 E 值不断减小，直至满意为止。在这个过程中要不断地去解正问题，以便得到由修正后的参数算出的 $H_j(t_i)$，求得相应的 E 值。

间接解法比较稳定，所以用得比较多。当然这里不可能全面介绍所有的间接方法，事实上正如 W. W－G. Yeh(1986) 统计的那样，被广泛采用的还是有限的，所以此处也只介绍几种被广泛用于解地下水逆问题的方法。对其他方法有兴趣的读者可参阅有关的数学著作。

二、试估-校正法和优选法

（一）试估-校正法

待求参数可以包括渗透系数（或导水系数）、贮水系数、越流系数、入渗系数、边界的

补给量、弥散度等。根据程序输入一组参数后计算相应的水头（或浓度等），并在所有观测点处比较水头（或浓度等）的计算值和观测值，然后根据两者的拟合情况不断修正输入的参数值以使两者拟合得更好。重复这一过程直至拟合满意为止，这一过程就是试估-校正过程。它的优点是可以充分发挥水文地质工作者对水文地质条件的认识和判断。加速拟合过程的进行（例如根据几组参数数据输入后的计算结果，有经验的水文地质人员有可能迅速做出判断。哪些数据需要调整，如何调整，是增大还是减少。增大、减少的量大致是多少才比较合适，而不必拘泥于固定的步长，也不必一起增大或减少。有可能某类数据要增大，而另一类数据需要适当减少。固定的算法程序往往难以做到这点。又如有经验的水文地质人员根据长系列观测数据的变化趋势和计算值的变化情况可以判断问题出在哪儿，给出的原始数据，如附近的钻孔抽水量有没有问题，是否需要重新核实等），可靠性好，除了模拟计算程序外也不需要任何其他计算程序。缺点是费时太长，尤其当需要识别的参数很多时，更是如此；其次是缺少相应的收敛准则，有一定的人为因素，一般很难达到最优识别。所以这种方法一般用于前期的参数识别，待目标函数足够小、难以判别时再改用其他方法（如单纯形法等）。很少直接用它来求最终结果。

（二）逐个修正法

如前述，间接解法把逆问题转化为求多元函数的极小值问题。各种最优化方法都能用来求解，其中最简单的方法就是用单因素优选法对参数逐个加以修正。具体做法如下：

（1）给出一组参数初值（$k_1^0,k_2^0,\cdots,k_n^0$）。

（2）把其余参数固定，对第一个参数用下面将要提到的单因素优选法在区间［α_1,β_1］中优选出参数的改进值（$k_1^1,k_2^0,\cdots,k_n^0$）。

（3）在上述改进值中其余参数固定，只对第二个参数用单因素优选法在区间［α_1,β_1］中优选出参数的改进值（$k_1^1,k_2^1,k_3^0,\cdots,k_n^0$）。重复这一过程直至全部参数都修改一遍，得到参数的改进值（$k_1^1,k_2^1,k_3^1,\cdots,k_n^1$）。

（4）检验是否满足收敛准则。

（5）若收敛则停止运算，否则以改进值（$k_1^1,k_2^1,k_3^1,\cdots,k_n^1$）代替原来的初值（$k_1^0,k_2^0,\cdots,k_n^0$）返回第一步重做。

此法能在满足约束条件下逐步缩小 E 值，但收敛慢，只有参数不太多时才用这种方法。这种方法以单因素优选法（又称一维探索法）为基础。通常使用的单因素优选法有0.618法，二次插值法等。

1．0.618法

假设有一个函数 $y=f(x)$，具有单峰性，即在所考虑的区间内有唯一的极小点 $\bar{x}$。如何求出使 y 达到极小值的自变量 $\bar{x}$ 呢？设寻找的区间为［a,b］，如在它的内部任取两点 a_1 和 b_1，且 $a_1<b_1$。由此所得的 $f(a_1)$、$f(b_1)$ 有3种情况：

（1）$f(a_1)<f(b_1)$，由于 $f(x)$ 的单峰性，极小点必在［a,b_1］内（图4-1）。

（2）$f(a_1)>f(b_1)$，极小点必在［a_1,b］内。

（3）$f(a_1)=f(b_1)$，极小点必在［a_1,b_1］内。

因此，寻找区间可缩短为［a,b_1］或［a_1,b］或［a_1,b_1］。在区间［a,b_1］内已有一个点 a_1 算出了函数值，所以在［a,b_1］内只要再取一个点，算出它的函数值并和 $f(a_1)$ 进行比较，就可以进一步缩短寻找区间。情况（2）和情况（1）相同。情况（3）要把 $[a_1,b_1]$ 进一步缩短，得在它内部再取两个点，重复前面的方法进行比较。

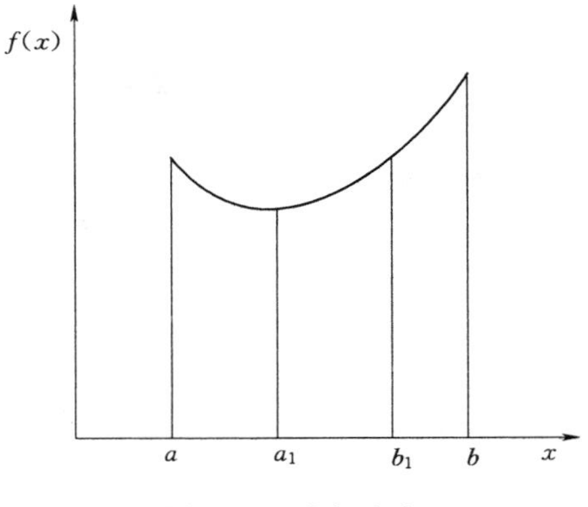

图 4-1　求极小点

这些比较点 a_1、b_1，…，怎样取才算最好呢？0.618 法就是按一定规则取比较点的常用方法。它首先要确定变量的变化范围，设为 $[a_1,a_2]$，然后按下列步骤取比较点。头一次取两个试点，设为 a_3、a_4，为此

（1）取 $a_3=a_2+\tau(a_1-a_2)$；$a_4=a_1+\tau(a_2-a_1)$，式中 $\tau=0.618$，所以称为 0.618 法。

（2）计算 $f(a_3)$、$f(a_4)$，并令 $f_3=f(a_3)$；$f_4=f(a_4)$。

（3）比较 f_3 和 f_4。

1）如果 $|(f_4-f_3)/f_3|\geqslant\varepsilon$ 成立，则当 $f_3<f_4$ 时，令

$$a_2=a_4;\ a_4=a_3;\ f_4=f_3;a_3=a_2+\tau(a_1-a_2);\ f_3=f(a_3)$$

否则，令

$$a_1=a_3;\ a_3=a_4;\ f_3=f_4;a_4=a_1+\tau(a_2-a_1);\ f_4=f(a_4)$$

其中带有下标的 f 为计算函数值的过程。$f(a_3)$、$f(a_4)$ 均需套用上述计算程序进行计算，然后再转向第（3）步，重新比较 f_3、f_4。

2）如果 $|(f_4-f_3)/f_3|\geqslant\varepsilon$ 不成立，则当 $|(a_4-a_3)/a_3|\geqslant\varepsilon$ 时，令 $a_1=a_3$；$a_2=a_4$；然后转向第（1）步；否则，当 $f_3<f_4$ 时，打印 a_3、f_3；$f_3\geqslant f_4$ 时，打印 a_4、f_4。其中 ε 为事先给定的正数。

用 0.618 法解正问题需要多次修改参数，很费机时，为缩短计算时间，可改用二次插值法。

2. 二次插值法

假设评价函数 E 对单个参数而言，可近似地看作是抛物线关系，即 E 是单参数的二次函数。由于一条抛物线只要有三个点就可以确定，所以可以把和此抛物线最低点相对应的参数值作为该参数的最优值。

具体应用时先把 k_2，k_3，…，k_n 固定，目标函数 $E(k_1,k_2,\cdots,k_n)$ 这时仅看作是 k_1 的函数，而且进一步假设 E 是 k_1 的二次函数，即

$$E(k_1)=a_0+a_1k_1+a_2k_1^2$$

为了清楚起见，把 k_1 换成 x，有

$$E(x)=a_0+a_1x+a_2x^2 \tag{4-12}$$

对于 3 个不同的 k_1 值，设为 x_1、x_2、x_3，可以分别求出和 x_1、x_2、x_3 相对应的目标函数值 E_1、E_2、E_3，即

$$\left.\begin{array}{l}a_0+a_1x_1+a_2x_1^2=E_1\\a_0+a_1x_2+a_2x_2^2=E_2\\a_0+a_1x_3+a_2x_3^2=E_3\end{array}\right\} \tag{4-13}$$

对多项式（4-12）求导数，并令其为零，得

$$E'(x)=a_1+2a_2x=0$$

因此，有

$$x=-\frac{a_1}{2a_2} \tag{4-14}$$

此 x 可以近似地作为参数 k_1 的最优值。其中 a_1、a_2 的确定可由式（4-13）消去 a_0 求得，有

$$a_1(x_1-x_2)+a_2(x_1^2-x_2^2)=E_1-E_2$$
$$a_1(x_2-x_3)+a_2(x_2^2-x_3^2)=E_2-E_3$$

由此解得

$$a_1=\frac{(x_2^2-x_3^2)E_1+(x_3^2-x_1^2)E_2+(x_1^2-x_2^2)E_3}{(x_1-x_2)(x_2-x_3)(x_3-x_1)}$$

$$a_2=-\frac{(x_2-x_3)E_1+(x_3-x_1)E_2+(x_1-x_2)E_3}{(x_1-x_2)(x_2-x_3)(x_3-x_1)}$$

把它们代入式（4-14）便得极值点公式

$$x=\frac{1}{2}\frac{(x_2^2-x_3^2)E_1+(x_3^2-x_1^2)E_2+(x_1^2-x_2^2)E_3}{(x_2-x_3)E_1+(x_3-x_1)E_2+(x_1-x_2)E_3} \tag{4-15}$$

如果 x_1、x_2、x_3 三点等间距，即 $x_3-x_2=x_2-x_1=\Delta x$，则式（4-15）简化为

$$x=x_2+\frac{\Delta x(E_1-E_3)}{2(E_3-2E_2+E_1)}$$

此 x 就作为 k_1 的最优值 k_1^1。

k_1 确定后，再固定 k_1^1、k_3^0、…、k_n^0，用同样的方法求得 k_2 的第一次修正值 k_2^1。然后再依次修正其他各个分量，得到 $\boldsymbol{k}^1$。如此重复进行，直至前后两次得到的修正值之差小到令人满意为止。显然，选取 x_1、x_2、x_3 的范围必须要在约束条件规定的上下限内。

总之，上面介绍的逐个修正法要求解正问题的次数太多，很费机时。但需要确定的未知参数的个数 n 较少的情况下（$n<10$），效果还是很好的。

（三）单纯形探索法

1. 基本原理

函数 $f(x)$ 的导数能反映 $f(x)$ 的性质。有的方法就是利用评价函数对水文地质参数的导数来判别水文地质参数向哪个方向变化才能使评价函数向减少的方向发展。单纯形法则不求评价函数的导数，设法先算出若干组水文地质参数的评价函数值，然后从这些函数值的大小关系来判别函数变化的大致趋势，作为寻找函数下降方向的参考。

为了说明这个原理，先举一个简单的例子。如要确定两个水文地质参数 k_1 和 k_2，即 $E(\boldsymbol{k})=E(k_1,k_2)$，则取三组不同的（$k_1,k_2$）值。每一组（$k_1,k_2$）在平面上代表一个点，三组参数就有三个点，这三个点不在同一直线上。然后分别利用这三组参数去解正问题，求出评价函数在这三个点上的值。把这三个点中评价函数最大的一个点记为 p_H，最小的

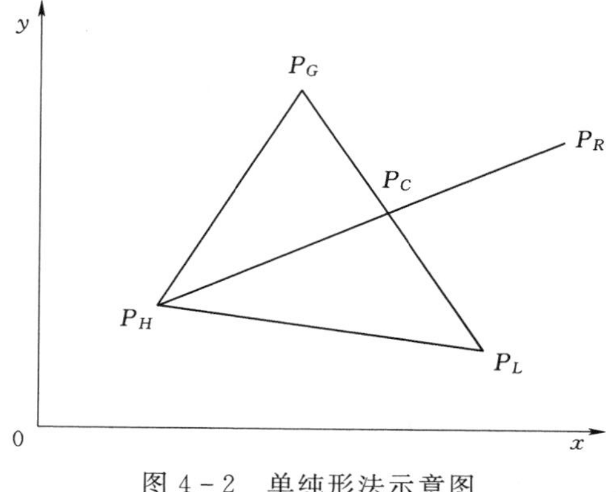

图 4-2 单纯形法示意图

点记为 p_L，次大的点记为 p_G。和这些点对应的评价函数依次记为 E_H、E_L、E_G。我们的目标是求出使评价函数达到最小的那一组水文地质参数值。显然算出的评价函数愈大，说明这一组参数愈"坏"；反之，算出的评价函数愈小，说明这一组参数愈"好"。这种"好""坏"只是一个初步鉴别，下一步怎么办？向哪一个方向寻找才能使算出的评价函数值逐渐向减小的方向发展？即如何确定寻找方向。根据这三个点的"好""坏"情况，过 p_H 点并穿过其余两点 p_Gp_L 的中点 p_C 的方向显然是比较合适的寻找方向。为此在此方向上取点 p_R（图 4-2），使

$$p_Hp_R=2p_Hp_C \tag{4-16}$$

或 $p_Hp_C=p_Cp_R$。p_R 称为 p_H 关于 p_C（p_C 实为除最坏点 p_H 外其余各点的形心）的反射点。这种做法称为反射。

计算评价函数在 p_R 点的值，记为 E_R。若

$$E_R \geqslant E_H$$

说明点 p_R 并不比 p_H 好，前进得太远了，需要适当后退（压缩）。于是在 p_H 和 p_R 之间另取一个新点 p_S。如果 $E_R<E_H$，说明情况还可以进一步改善，即可以扩张。于是在 p_Hp_R 的延长线上取一点 p_E。如 $E_E \leqslant E_R$，说明扩张是成功的。就取 p_E 作为新点 p_S。如 $E_E \leqslant E_R$ 不成立，表示扩张没有成功，只好退回来用原来的点 p_R 作为新点 p_S。

不论哪一种情况，都可以利用确定的新点 p_S 算出评价函数在 p_S 点的值 E_S。若 $E_S<E_H$ 说明确定的新点是比较好的。于是取消原来最坏的那个点 p_H，用 p_S 代替 p_H，从而得到一个新的单纯形 $\{p_G,p_L,p_S\}$。

显然，用 p_S 代替 p_H 后，情况较原有的会有一定的改善。于是重复上述步骤，继续寻找函数下降的方向。如果 $E_S \leqslant E_G$ 不成立，也就是说 $E_S \geqslant E_G$，说明若用 p_S 代替 p_H，情况不会有多大改善。这时为了进一步寻找函数下降的方向，可以把原来的单纯形 $\{p_H,p_G,p_L\}$ 缩小，取三角形 $p_Hp_Gp_L$ 的三边中 p_Hp_L 和 p_Gp_L 边的中点 p_1 和 p_2，把它们和 p_L 组成新的单纯形 $\{p_1,p_2,p_L\}$，然后重新开始，重复上述过程。这种情况称为单纯形收缩。

2. 计算步骤

对于一般的评价函数 $E(\boldsymbol{k})=E(k_1,k_2,\cdots,k_n)$，$\boldsymbol{k}$ 是 n 维矢量，需要确定 n 个水文地质参数，根据上述单纯形法的基本思想，要给出不同 $n+1$ 组水文地质参数，它们代表 $\boldsymbol{k}$ 所在的 n 维空间中的 $n+1$ 个点，即 $\boldsymbol{k}^{(0)}$、$\boldsymbol{k}^{(1)}$、$\boldsymbol{k}^{(2)}$、…、$\boldsymbol{k}^{(n)}$，并要求点 $\boldsymbol{k}^{(1)}$、$\boldsymbol{k}^{(2)}$、…、$\boldsymbol{k}^{(n)}$ 与点 $\boldsymbol{k}^{(0)}$ 的连线构成的矢量 $\boldsymbol{k}^{(1)}\boldsymbol{k}^{(0)}$、$\boldsymbol{k}^{(2)}\boldsymbol{k}^{(0)}$、…、$\boldsymbol{k}^{(n)}\boldsymbol{k}^{(0)}$ 线性独立。这就是说，在平面上取不同在一条直线上的三个点能构成单纯形（三角形，$n=2$），在三维空间中取不同在一平面上的四个点能构成单纯形（四面体，$n=3$），…。怎样取这些点才能满足上述要求呢？例如可以这样来取：

$$\boldsymbol{k}^{(0)}=(k_1^0,k_2^0,\cdots,k_n^0)$$
$$\boldsymbol{k}^{(1)}=(k_1^0+\Delta k_1,k_2^0,\cdots,k_n^0)$$
$$\vdots$$
$$\boldsymbol{k}^{(i)}=(k_1^0,k_2^0,\cdots,k_i^0+\Delta k_i,k_{i+1}^0,\cdots,k_n^0)$$
$$\vdots$$
$$\boldsymbol{k}^{(n)}=(k_1^0,k_2^0,\cdots,k_n^0+\Delta k_n)$$

也即以 $\boldsymbol{k}^{(0)}$ 为坐标原点，在各个坐标轴分别取步长 $\Delta k_i(i=1,2,\cdots,n)$，则可得到 n 个点，然后按下列步骤进行：

（1）分别计算这 $n+1$ 点上的评价函数 $E_i=E(\boldsymbol{k}^{(i)})$，$i=0,1,2,\cdots,n$，并比较它们的大小，确定评价函数最大的点（即最坏的点）$\boldsymbol{k}^H$，次大的点 $\boldsymbol{k}^G$ 和最小（最好）的点 $\boldsymbol{k}^L$，以及相应的评价函数值，于是有

$$E_H=E(\boldsymbol{k}^H)=\max E_i$$
$$E_L=E(\boldsymbol{k}^L)=\min E_i$$

$E_G=E(\boldsymbol{k}^G)$ 为 E_H 以外的 n 个函数的最大值。

（2）算出除 $\boldsymbol{k}^H$ 以外 n 个点 $\boldsymbol{k}^{(0)}$、$\boldsymbol{k}^{(1)}$、…、$\boldsymbol{k}^{H-1}$、$\boldsymbol{k}^{H+1}$、…、$\boldsymbol{k}^{(n)}$ 的形心 $\boldsymbol{k}^C$，即

$$\boldsymbol{k}^C=\frac{1}{n}\left(\sum_{i=0}^{n}\boldsymbol{k}^{(i)}-\boldsymbol{k}^H\right) \tag{4-17}$$

也即

$$\boldsymbol{k}_j^C=\frac{1}{n}\left(\sum_{i=0}^{n}\boldsymbol{k}_j^i-\boldsymbol{k}_j^H\right)\quad(j=1,2,\cdots,n)$$

然后求 $\boldsymbol{k}^H$ 的反射点 $\boldsymbol{k}^R$

$$\boldsymbol{k}^R=2\boldsymbol{k}^C-\boldsymbol{k}^H \tag{4-18}$$

即

$$\boldsymbol{k}_j^R=2\boldsymbol{k}_j^C-\boldsymbol{k}_j^H\quad(j=1,2,\cdots,n)$$

并计算出相应的函数值 $E_R=E(\boldsymbol{k}^R)$。

（3）若 $E_R\geqslant E_G$，则认为反射得太远了，需要进行压缩，为此令

$$\boldsymbol{k}^S=(1-\lambda)\boldsymbol{k}^H+\lambda\boldsymbol{k}^R\quad(0<\lambda<1,\ \lambda\neq 0.5) \tag{4-19}$$

λ 为压缩因子，并计算出 $E_S=E(\boldsymbol{k}^S)$。$\lambda\neq 0.5$，为的是避免出现 $\boldsymbol{k}^S=\boldsymbol{k}^C$ 的情况。然后直接转向第（5）步。

若 $E_R<E_G$，则认为反射效果好，可以转向第（4）步。

（4）进行扩张（即继续向前探索），为此令

$$\boldsymbol{k}^E=(1-\mu)\boldsymbol{k}^H+\mu\boldsymbol{k}^H\quad(\mu>1) \tag{4-20}$$

μ 为扩张因子。若 $E_E=E(\boldsymbol{k}^E)<E_R$，表示扩张成功，于是把 $\boldsymbol{k}^S$ 换成 $\boldsymbol{k}^E$，即取新点 $\boldsymbol{k}^S=\boldsymbol{k}^E$，相应的有 $E_S=E(\boldsymbol{k}^S)$。

若 $E_E\geqslant E_R$，表示扩张不成功，于是把 $\boldsymbol{k}^S$ 换成 $\boldsymbol{k}^R$，即把原来的反射点 $\boldsymbol{k}^R$ 作为新点 $\boldsymbol{k}^S$，有 $\boldsymbol{k}^S=\boldsymbol{k}^R$，$E_S=E_R$。

（5）无论第（3）步还是第（4）步，都可以由 $\boldsymbol{k}^S$ 得到相应的 $E(\boldsymbol{k}^S)$。再把它和评价函数次大的值 E_G 进行比较。若 $E_S<E_G$，说明求得的新点 $\boldsymbol{k}^S$ 比较好。于是把 $\boldsymbol{k}^H$ 换掉，即把 $\boldsymbol{k}^H$ 换成 $\boldsymbol{k}^S$，E_H 换成 E_S。$\boldsymbol{k}^S$ 和其他 n 个点（除 $\boldsymbol{k}^H$ 外）组成新的单纯形，重复第（2）～（5）步，继续探索。若 $E_S\geqslant E_G$，说明即使用 $\boldsymbol{k}^S$ 把 $\boldsymbol{k}^H$ 换掉，情况也不会有多大改

善。于是转向下一步。

（6）缩小原来的单纯形，即令

$$\boldsymbol{k}^{i}=\frac{\boldsymbol{k}^{(i)}+\boldsymbol{k}^{L}}{2}\quad(i=0,1,\cdots,n)\tag{4-21}$$

构成新的单纯形，然后重复上述过程，继续探索。

上述过程一直继续进行到$|E_H-E_L|\leqslant\varepsilon|E_L|$为止。其中$\varepsilon$为预先给定的正数，即允许误差。

最后应注意，上述反射、压缩、扩张时参数$k_i(i=1,2,\cdots,n)$必须在约束条件规定的范围内。如果压缩、扩张所得的k_i超出了这个范围，就应以k_i的上限α_i或下限β_i代替k_i。

至于压缩因子λ和扩张因子μ的选取，一般说来，开始时λ要取得小些，μ可取得大一些（但也不能过小或过大），以便在较大的范围内选取极小点。但开始以后的λ值就不能过小，μ值也不能过大了，以使计算过程比较平稳。

$n+1$组参数的初值和步长如何选取，要视水文地质条件决定。

（四）最速下降法

如前述，解逆问题已转化为求一组参数使得目标函数$E(\boldsymbol{k})$成为极小，同时满足约束条件的优化问题。在探索过程中，可以看作从某一点$\boldsymbol{k}^{(i)}$出发，沿某种规则所确定的方向p_i，求目标函数$E(\boldsymbol{k})$极小点$\boldsymbol{k}^{(i+1)}$的问题。形成前述探索系列$\boldsymbol{k}^{(0)}$、$\boldsymbol{k}^{(1)}$、…、$\boldsymbol{k}^{(n)}$的方法一般是取

$$\boldsymbol{k}^{(i+1)}=\boldsymbol{k}^{(i)}+\lambda_i\boldsymbol{p}_i\quad(i=0,1,2,\cdots,n)\tag{4-22}$$

其中矢量p_i为探索方向，数量λ_i是沿探索方向的步长，$\boldsymbol{k}^{(0)}$为事先选定的初始点，只要规定好了p_i和λ_i的选取方法，便可重复进行下去，直到求出达到要求的点为止。在这里一个重要的问题是在每次迭代中如何选择探索方向p_i。从局部意义上说，从$\boldsymbol{k}^{(i)}$点出发，取目标函数$E(\boldsymbol{k})$的负梯度方向$-\nabla E(\boldsymbol{k}^{(i)})$作为探索方向是一个好想法，也是最合理的。因为

$$\boldsymbol{p}_i=-\nabla E(\boldsymbol{k}^{(i)})\tag{4-23}$$

是函数值减小得最快的方向，显然是函数$E(\boldsymbol{k})$的最速下降方向。在约束条件下，以此为基础确定逐次寻找方向的方法就是最速下降法。

具体操作时，首先计算初始点$\boldsymbol{k}^{(0)}$处目标函数E的梯度。为此要算出

$$\nabla E(\boldsymbol{k}^{(i)})=\left(\frac{\partial E}{\partial k_1},\frac{\partial E}{\partial k_2},\cdots,\frac{\partial E}{\partial k_n}\right)\bigg|_{\boldsymbol{k}^{(i)}}$$

中的所有偏导数。偏导数可以采用差分如中心式差分来近似，把所有的偏导数都计算出来后，都乘以-1，就形成最速下降方向$-\nabla E(\boldsymbol{k}^{(i)})$。

接着检验根据最速下降方向形成的点$\boldsymbol{k}'=\boldsymbol{k}^{(0)}-\nabla E(\boldsymbol{k}^{(0)})$是否超出约束条件。如果不超出，那么就取这个方向$p_0=-\nabla E(\boldsymbol{k}^{(0)})$作为我们的探索方向；如果已经超出了约束条件允许的范围，那就要对$\boldsymbol{k}'$的坐标进行修正，形成新点$\boldsymbol{k}''$。$\boldsymbol{k}''$的坐标为

$$k_i''=\begin{cases}k_i' & 当\ \alpha_i\leqslant k_i'\leqslant\beta_i\\ \alpha_i & 当\ k_i'<\alpha_i\\ \beta_i & 当\ k_i'>\beta_i\end{cases}\qquad(i=1,2,\cdots,n)\tag{4-24}$$

于是把探索方向取为 $\boldsymbol{p}_0=\boldsymbol{k}''-\boldsymbol{k}^{(0)}$。

然后采用前述一维探索法来确定最优步长 λ_0，使得

$$E(\boldsymbol{k}^{(0)}+\lambda_0\boldsymbol{p}_0)=\min_{0\leqslant\lambda\leqslant 1}\boldsymbol{E}(\boldsymbol{k}^{(0)}+\lambda\boldsymbol{p}_0)\tag{4-25}$$

确定了 λ_0 后，所形成的点 $\boldsymbol{k}^{(1)}=\boldsymbol{k}^{(0)}+\lambda_0\boldsymbol{p}_0$ 就是对 $\boldsymbol{k}^{(0)}$ 的改进点，这样保证 $\boldsymbol{k}^{(1)}$ 在约束范围内。

最后，检验是否满足

$$|E(\boldsymbol{k}^{(0)})-\mathrm{E}(\boldsymbol{k}^{(1)})|<\varepsilon\tag{4-26}$$

满足意味着收敛，可以停机并输出 $\boldsymbol{k}$ 和 $E(\boldsymbol{k}_i)$，否则以 $\boldsymbol{k}^{(1)}$ 为初始点，转到开头（第一步）重复进行。

负梯度的性质很容易使人认为最速下降方向是一种理想的寻找方向，实则不然。因为 $\boldsymbol{k}^{(i)}$ 的负梯度方向 $-\nabla E(\boldsymbol{k}^{(i)})$ 只在 $\boldsymbol{k}^{(i)}$ 附近才具有这种“最速下降”的性质，而对整个极小过程来说又是另一回事了。实践证明此法收敛不快，往往很慢，而且计算偏导数的工作量大。当初始点远离极小点时，开头几步下降还是比较快的，到了接近极小点时，速度就明显地减缓了。所以只宜在前期使用。

三、修正的 Gauss - Newton 法

（一）方法简介

如前述，目标函数是参数 $\boldsymbol{k}$ 的非线性函数。这里为了和通常的最优化方法一致起来，特把目标函数 E 改为下列非线性函数平方和的形式

$$E(\boldsymbol{k})=\sum_{l=1}^{L}f_l^2(\boldsymbol{k})\tag{4-27}$$

其中
$$f_l^2(\boldsymbol{k})=\omega(H_l-H_l^{ob})^2$$

式中：H_l 为用参数 $\boldsymbol{k}$ 代入解正问题后得到的计算水头值；H_l^{ob} 为水头的实际观测值；ω 为权因子。

求和下标 l 遍及所有的观测点和观测时刻，故 $L=IJ$。如前述，I 是观测时刻总数；J 是观测点总数。一般设 $L\gg n$，n 为待求参数的总数。

在具体讨论修正的 Gauss - Newton 法前，显然有必要先介绍一下 Gauss - Newton 法（孙讷正，1981）。

设已知探索系列的某个点 $\boldsymbol{k}^{(i)}$，现在来讨论如何确定它的改进点 $\boldsymbol{k}^{(i+1)}$。在点 $\boldsymbol{k}^{(i)}$ 附近，把每个函数 f_l 都近似地看成是线性函数，为此可在点 $\boldsymbol{k}^{(i)}$ 用 Taylor 级数展开

$$f_l(k)\approx f_l(\boldsymbol{k}^{(i)})+\sum_{j=1}^{n}\frac{\partial f_l}{\partial k_j}\Delta k_j\tag{4-28}$$

式中 $\frac{\partial f_l}{\partial k_j}$ 在点 $\boldsymbol{k}^{(i)}$ 取值；$\Delta\boldsymbol{k}=\boldsymbol{k}-\boldsymbol{k}^{(i)}$，$\Delta k_j(j=1,2,\cdots,n)$ 是它的分量。把式（4-28）代入式（4-27），得

$$E(\boldsymbol{k}^{(i)}+\Delta\boldsymbol{k})\approx\sum_{l=1}^{L}[f_l(\boldsymbol{k}^{(i)})+\sum_{j=1}^{n}\frac{\partial f_l}{\partial k_j}\Delta k_j]^2 \tag{4-29}$$

目的是改进点 $\boldsymbol{k}^{(i+1)}=\boldsymbol{k}^{(i)}+\Delta\boldsymbol{k}$ 能使目标函数 E 达到极小值。显然根据极值的必要条件，此时应满足

$$\left.\frac{\partial E}{\partial \boldsymbol{k}_\sigma}\right|_{\boldsymbol{k}^{(i+1)}}=0 \quad (\sigma=1,2,\cdots,n) \tag{4-30}$$

把式（4-29）代入式（4-30），得

$$\sum_{l=1}^{L}\left(f_l+\sum_{j=1}^{n}\frac{\partial f_l}{\partial k_j}\Delta k_j\right)\frac{\partial f_l}{\partial k_\sigma}=0 \tag{4-31}$$

如前面已经指出的那样，式（4-31）中的 f_l 和它的导数都在点 $\boldsymbol{k}^{(i)}$ 取值。这是一个关于未知增量 $\Delta\boldsymbol{k}$ 的线性代数方程组，可以改写成下列形式：

$$\sum_{j=1}^{n}\sum_{l=1}^{L}\frac{\partial f_l}{\partial k_\sigma}\frac{\partial f_l}{\partial k_j}\Delta k_j=-\sum_{l=1}^{L}f_l\frac{\partial f_l}{\partial k_\sigma} \quad (\sigma=1,2,\cdots,n) \tag{4-32}$$

式（4-32）又可进一步改写成下列形式：

$$[A]^{\mathrm{T}}[A]\Delta k=-[A]^{\mathrm{T}}f \tag{4-33}$$

式中矩阵

$$[A]=\begin{bmatrix}\frac{\partial f_1}{\partial k_1} & \frac{\partial f_1}{\partial k_2} & \cdots & \frac{\partial f_1}{\partial k_n}\\ \frac{\partial f_2}{\partial k_1} & \frac{\partial f_2}{\partial k_2} & \cdots & \frac{\partial f_2}{\partial k_n}\\ \vdots & \vdots & \vdots & \vdots\\ \frac{\partial f_L}{\partial k_1} & \frac{\partial f_L}{\partial k_2} & \cdots & \frac{\partial f_L}{\partial k_n}\end{bmatrix}$$

为一 $L\times n$ 的矩阵，所以 $[A]^{\mathrm{T}}$ $[A]$ 为一 $n\times n$ 的方阵；而

$$\Delta\boldsymbol{k}=(\Delta k_1,\Delta k_2,\cdots,\Delta k_n)^{\mathrm{T}}$$

$$\boldsymbol{f}=(\boldsymbol{f}_1,\boldsymbol{f}_2,\cdots,\boldsymbol{f}_L)^{\mathrm{T}}$$

由式（4-33），解得

$$\Delta\boldsymbol{k}=-([A]^{\mathrm{T}}[A])^{-1}[A]^{\mathrm{T}}\boldsymbol{f} \tag{4-34}$$

称为 Gauss-Newton 方向。这样就得到下一个改进点

$$\boldsymbol{k}^{(i+1)}=\boldsymbol{k}^{(i)}-([A]^{\mathrm{T}}[A])^{-1}[A]^{\mathrm{T}}\boldsymbol{f} \tag{4-35}$$

式（4-35）中的矩阵 $[A]$ 只包含一阶偏导数，因而可以用差分方法算出 $[A]$。但式（4-29）显然只是一个近似公式，故式（4-34）也是近似式，且 $[A]$ 的计算也可能包含较大的误差，因而在实际计算中会出现问题，如可能出现 $E(\boldsymbol{k}^{(i+1)})>E(\boldsymbol{k}^{(i)})$，意味着 $\boldsymbol{k}^{(i+1)}$ 没有改进，反而变坏了。为此有必要对上述这种称为 Gauss-Newton 法的方法加以必要的改进，于是就形成修正的 Gauss-Newton 法。

修正的方案有多种，一种常用的方案就是前面已经讨论过的方法，即在每次迭代过程中加上一维探索，为此有

$$\boldsymbol{k}^{(i+1)}=\boldsymbol{k}^{(i)}+\lambda_i\boldsymbol{p}_i \tag{4-36}$$

式中：λ_i 为 i 次迭代的步长；p_i 为 i 次迭代的探索方向，即式（4-34）中的 $\Delta\boldsymbol{k}$。

λ_i 可由解下列一维探索问题：

$$\boldsymbol{E}(\boldsymbol{k}^{(i)}+\lambda_i\boldsymbol{p}_i)=\min_{\lambda}\boldsymbol{E}(\boldsymbol{k}^{(i)}+\lambda\boldsymbol{p}_i) \tag{4-37}$$

得出，这样修正后可有效防止探索失败。如前述，如已知初始估计值 $\boldsymbol{k}^{(0)}$，则由式（4－36）可算出 $\boldsymbol{k}^{(1)}$。重复这一过程，直至满足收敛条件式（4－26）为止。与此同时，通常还要考虑对探索方向的修正，确定合适的探索方向 $\boldsymbol{p}_i$。通常把两者结合起来使用。为此先要在点 $\boldsymbol{k}^{(i)}$ 处由式（4－34）算出 Gauss－Newton 方向 $\Delta\boldsymbol{k}$ 和目标函数 E 的梯度 $\boldsymbol{g}$（即∇E），于是用

$$\boldsymbol{p}_i=\begin{cases}\Delta\boldsymbol{k} & (\boldsymbol{g}\Delta\boldsymbol{k}<0)\\ -\boldsymbol{g} & (\boldsymbol{g}\Delta\boldsymbol{k}\geqslant 0)\end{cases} \tag{4-38}$$

来选定探索方向。式中 $\boldsymbol{g}\Delta\boldsymbol{k}$ 为矢量 $\boldsymbol{g}$ 和 $\Delta\boldsymbol{k}$ 的点积。这意味着当 Gauss－Newton 方向和最速下降方向相差不是太大时（它们间的夹角小于 90°）探索方向就采用 Gauss－Newton 方向，否则改用最速下降方向。但问题到此并没有结束，前面介绍的内容还不能直接用于地下水模拟，因为还有约束条件必须加以考虑。Yoon 和 Yeh（1976）把 Rosen 梯度投影法与 Gauss－Newton 法结合起来用于解带约束条件的实际地下水问题，并用于直接计算。对于式（4－36）来说，$\boldsymbol{p}_i$ 可由式（4－38）确定。在有约束条件下，要求沿探索方向形成的 $\boldsymbol{k}^{(i+1)}$ 不能超出约束范围。显然，若 $\boldsymbol{k}^{(i)}$ 在约束范围内部，只要步长不超过最大允许步长 $\lambda_{\max}$ 就能满足要求了；如果 $\boldsymbol{k}^{(i)}$ 在约束范围的边界上，那就不得不修改探索方向 $\boldsymbol{p}_i$ 了。为此引入投影算子 $\overline{\boldsymbol{P}}$，它是探索方向 $\boldsymbol{p}_i$ 经过适当修改使之适合约束条件后的探索方向，式（4－36）也修改成

$$\boldsymbol{k}^{(i+1)}=\boldsymbol{k}^{(i)}+\lambda_i\overline{\boldsymbol{P}}_i \tag{4-39}$$

其中

$$\overline{\boldsymbol{P}}_i=\begin{cases}0 & 若\ k_i=\alpha_i,且\ p_i<0\\ 0 & 若\ k_i=\beta_i,且\ p_i>0\\ p_i & 其他情形\end{cases}$$

经过上面这样处理后，所得的探索方向就满足约束条件了。

至于步长 λ_i 的确定可以采用二次插值法。如前述，它可由解一维探索问题式（4－37）得到，为此令

$$\tau(\lambda)=E(\boldsymbol{k}^{(i)}+\lambda\overline{\boldsymbol{P}}_i) \tag{4-40}$$

根据这个定义，目标函数在初始点 $\boldsymbol{k}^{(i)}$ 处的值为 $\tau(0)=E(\boldsymbol{k}^{(i)})$，一般在前一次迭代中已经算出。对式（4－40）求导数，并考虑到式（4－38）有

$$\tau'(0)=\left.\frac{\mathrm{d}\tau}{\mathrm{d}\lambda}\right|_{\lambda=0}=\boldsymbol{g}\,\overline{\boldsymbol{P}}_i \tag{4-41}$$

如前所述，式中 $\boldsymbol{g}$ 为目标函数 E 在点 $\boldsymbol{k}^{(i)}$ 处的梯度，由于考虑了式（4－38），即假定 $\overline{\boldsymbol{P}}_i$ 满足式（4－38），所以 $\tau(0)<0$。再算出点 $\lambda^{(0)}=\min(1,\lambda_{\max})$ 处的值 $\tau(\lambda^{(0)})=E(\boldsymbol{k}^{(0)}+\lambda^{(0)}\overline{\boldsymbol{P}}_i)$。若 $\tau(\lambda^{(0)})<\tau(0)$，则取步长 $\lambda_i=\lambda^{(0)}$，否则利用 $\tau(0)$、$\tau'(0)$、$\tau(\lambda^{(0)})$ 三个点构造出对 $\tau(\lambda)$ 的二次插值函数，利用前述二次插值公式求出它的极小点 $\lambda^{(1)}$。利用 $\tau'(0)<0$ 和 $\tau(\lambda^{(0)})\geqslant\tau(0)$ 的条件不难证实 $\lambda^{(1)}<\lambda^{(0)}$。为此有若 $\tau(\lambda^{(1)})<\tau(0)$，就取步长 $\lambda_i=\lambda^{(1)}$，否则再利用 $\tau(0)$、$\tau'(0)$、$\tau(\lambda^{(1)})$ 三个点进行二次插值，重复这一过程，由于插值的区间越来越小，且由于 $\tau'(0)<0$，必然在某一步取得成功，确定需要的步长 λ_i。

（二）计算矩阵［**A**］的方法

修正的 Gauss – Newton 法需要计算偏导数$\frac{\partial f_l}{\partial k_i}$（$l=1,2,\cdots,L$；$i=1,2,\cdots,n$）。根据 f_l 的表达式，上述偏导数的计算最终必然归结为计算$\frac{\partial H}{\partial k_i}$，此处的 H 是用参数 $\boldsymbol{k}$ 模拟计算得到的水头在选定的观测点和观测时刻的值，它除了是坐标、时间的函数外，还是所选参数 $\boldsymbol{k}$ 的函数，即对二维问题有 $H=H(x,y,t,\boldsymbol{k})$。这个偏导数在解逆问题中起着重要作用，有时把它称为灵敏度系数（W. Yeh，1986）。

计算它的简单方法是选用差分格式，如中心式差分格式来近似，为此有

$$\frac{\partial H}{\partial k_i}=\frac{H(x,y,t,k_1,k_2,\cdots,k_{i-1},k_i+\Delta k_i,k_{i+1},\cdots,k_n)-H(x,y,t,k_1,k_2,\cdots,k_{i-1},k_i-\Delta k_i,k_{i+1},\cdots,k_n)}{2\Delta k_i} \tag{4-42}$$

k_i 的增量 Δk_i 的取值既不能太大，以减少由式（4－42）近似计算引起的截断误差；也不能太小，以便能观测到 H 值有一定的变化。通常和 k_i 成一定比例，如 Bard（1974）建议的那样，$\Delta k_i=ak_i$，式中比例系数 a 在下列范围内取值，$10^{-5}\leqslant a\leqslant 10^{-2}$。对于实际问题一般通过试算来确定。这种方法有时称为影响系数法（W. Yeh，1986）。

另一种称为灵敏度方程法（W. Yeh，1986），它是和模拟计算结合起来一起进行的。兹以下列二维水流方程为例加以说明：

$$\frac{\partial}{\partial x}\left(T\frac{\partial H}{\partial x}\right)+\frac{\partial}{\partial y}\left(T\frac{\partial H}{\partial y}\right)=S\frac{\partial H}{\partial t}-w \tag{4-43}$$

式（4－43）对 k_i 求偏导数，得

$$\begin{aligned}&\frac{\partial}{\partial x}\left(T\frac{\partial H_{k_i}}{\partial x}\right)+\frac{\partial}{\partial y}\left(T\frac{\partial H_{k_i}}{\partial y}\right)\\&=S\frac{\partial H_{k_i}}{\partial t}-\left[\frac{\partial}{\partial x}\left(T_{k_i}\frac{\partial H}{\partial x}\right)+\frac{\partial}{\partial y}\left(T_{k_i}\frac{\partial H}{\partial y}\right)-S_{k_i}\frac{\partial H}{\partial t}\right]\quad(i=1,2,\cdots,n)\end{aligned} \tag{4-44}$$

相应的初始条件和边界条件为

$$H_{k_i}(x,y,0)=0\quad(i=1,2,\cdots,n)$$
$$H_{k_i}(x,y,t)|_{\Gamma_1}=0\quad(i=1,2,\cdots,n)$$
$$T\frac{\partial H_{k_i}}{\partial n}\bigg|_{\Gamma_2}=-\frac{\partial T}{\partial k_i}\frac{\partial H}{\partial n}\quad(i=1,2,\cdots,n)$$

式中 $H_{k_i}=\frac{\partial H}{\partial k_i}$，$T_{k_i}=\frac{\partial T}{\partial k_i}$，$S_{k_i}=\frac{\partial S}{\partial k_i}$。式（4－43）和式（4－44）左端在形式上是完全相同的，只是未知变量不同而已；右端两者也是相似的，式（4－43）中的 w 相当于式（4－44）中方括号内的项。因此，两个方程可以用相同的程序来求解。

基于这样的认识，如用有限元法求解，与式（4－43）对应、离散得到的代数方程组为

$$[D]\{H\}+[P]\left\{\frac{\mathrm{d}H}{\mathrm{d}t}\right\}+\{F\}=0 \tag{4-45}$$

式中：矩阵［D］和［P］的元素分别为

$$d_{jq}=\iint_{\Omega}T\left(\frac{\partial\psi_j}{\partial x}\frac{\partial\psi_q}{\partial x}+\frac{\partial\psi_j}{\partial y}\frac{\partial\psi_q}{\partial y}\right)\mathrm{d}x\mathrm{d}y$$

$$p_{jq}=\iint_{\Omega}S\psi_j\psi_q\mathrm{d}x\mathrm{d}y$$

将式（4-45）对 k_i 求导可以得到

$$[D]\{H_{k_i}\}+[P]\left\{\frac{\mathrm{d}H_{k_i}}{\mathrm{d}t}\right\}+\left([D_{k_i}]\{H\}+[P_{k_i}]\left\{\frac{\mathrm{d}H}{\mathrm{d}t}\right\}\right)=0 \tag{4-46}$$

上式左端圆括号内的项显然与式（4-45）中 $\{F\}$ 相当。其中矩阵 $[D_{k_i}]$ 和 $[P_{k_i}]$ 的元素分别为

$$d_{k_ij,q}=\iint_{\Omega}\frac{\partial T}{\partial k_i}\left(\frac{\partial\psi_j}{\partial x}\frac{\partial\psi_q}{\partial x}+\frac{\partial\psi_j}{\partial y}\frac{\partial\psi_q}{\partial y}\right)\mathrm{d}x\mathrm{d}y$$

$$p_{k_ij,q}=\iint_{\Omega}\frac{\partial S}{\partial k_i}\psi_j\psi_q\mathrm{d}x\mathrm{d}y$$

为了计算被积函数中的$\frac{\partial T}{\partial k_i}$和$\frac{\partial S}{\partial k_i}$，首先要将 T 和 S 表示为 k_1，k_2，…，k_n 的函数，事实上已经这样做了，所以能很方便地利用数值积分求出它对 k_i 的导数来，于是矩阵 $[D_{ki}]$ 和 $[P_{ki}]$ 也就形成了。具体运算时，先解式（4-45）求出 $\{H\}$。有了 $\{H\}$，利用初始条件和差分公式可以方便地求得$\left\{\frac{\mathrm{d}H}{\mathrm{d}t}\right\}$。这样式（4-46）左端圆括号内各项就确定了。据此运用相同的解法，不难从式（4-46）解得 $\{H_{ki}\}$，即我们需要的偏导数$\frac{\partial H}{\partial k_i}$。为了求得和参数组 k_1，k_2，…，k_n 对应的水头 H 及其偏导数$\frac{\partial H}{\partial k_i}$，需要同时解 $n+1$ 个有相同系数矩阵的方程组。

需要指出的是由$\frac{\partial H}{\partial k_i}$组成的矩阵在利用修正的 Gauss-Newton 法反求水文地质参数的过程中有重要意义，如果计算不精确，则识别阶段所得结果也是不可靠的。

（三）计算步骤

从上面的介绍，可得修正的 Gauss-Newton 法反求水文地质参数的步骤如下：

(1) 给出参数的初始估计值 $\boldsymbol{k}^{(0)}$，计算在该点的 f_l 和所有水头 H_l 和 f_l 的一阶偏导数$\frac{\partial H_l}{\partial k_i}$、$\frac{\partial f_l}{\partial k_i}$（$i=1,2,\cdots,n$；$l=1,2,\cdots,L$）的值，同时计算目标函数 E 在 $\boldsymbol{k}^{(0)}$点的导数$\frac{\partial E}{\partial \boldsymbol{k}_i}$的值和梯度 $\boldsymbol{g}$。

(2) 计算所得的偏导数形成矩阵 $[A]$，同时形成 $[A]^{\mathrm{T}}[A]$ 和 $[A]^{\mathrm{T}}f$，接着解式（4-33）：

$$[A]^{\mathrm{T}}[A]\Delta k=-[A]^{\mathrm{T}}f$$

求出 $\Delta\boldsymbol{k}$。

(3) 计算 $\boldsymbol{g}\cdot\Delta\boldsymbol{k}$，并根据式（4-38）确定探索方向 $\boldsymbol{p}_0$，接着得出满足约束条件的探索方向 $\overline{\boldsymbol{P}}_0$。

（4）用二次插值法求出沿 $\overline{\boldsymbol{P}}_0$ 方向的最优步长 λ_0，接着根据式（4－39）形成改进点 $\boldsymbol{k}^{(1)}$。

（5）检查是否满足收敛条件，如果满足，则停机，否则以 $\boldsymbol{k}^{(1)}$ 代替 $\boldsymbol{k}^{(0)}$，返回到第（1）步，重复计算直至满足收敛条件为止。

第五章　数值模型的不确定性分析

一、不确定性的由来

所有模拟都会有不确定性。由于水文地质参数、有关溶质运移的参数以及边界条件都永远不可能知道得很详细，对已经存在的溶质的分布了解得常常很少，对将来可能出现的外来影响常常不能确切地刻画出它的特征，所有这些问题都可能成为概念模型能否成功地应用于野外实际问题的重要因素，这些因素也就成了附加给模型的不确定性，或者说是模型不确定性的由来。由此导致许多水流模型、溶质运移模型无法进行成功预报。许多模拟之所以失败，主要也是和模拟中所描述的外部影响和野外实际情况中所可能出现的施加给所模拟问题的外部影响有很大出入有关（de Marsily 等，1992）。国内外的情况都差不多。我国早期一些模拟预测成果后来证明和实际情况出入很大。如某单位对河北太行山麓一些矿坑涌水量的预报值和实际相差很大，也是和对河流这类边界条件的认识与实际出入很大有关，把河流都当成定水头边界了。另外也和忽视了相邻矿山同时开采后会出现地下分水岭，导致相应减少进入矿山的水源有关，当然更重要的是当时对不确定性普遍缺少认识。

因此，如果地下水模拟预报的结果要在规划和设计中使用的话，无论如何要考虑不确定性。另外可能的话，它们可能造成的后果也应以某种方式表示出来或提出来。

有关不确定性的基本概念，早期的代表性成果包括 Beck（1987）、Buxton（1989）、Jousma 等（1989）、Kovar 和 Heijde（1996）、Stauffer 等（1999）、Morgan 和 Henrion（1990）、Zheng 和 Bennett（2002）等人的著作。特别是 Freeze 等（1990，1992）、Massmann 等（1991）和 Sperling 等（1992）连续发表了多篇系列论文，对有关水文地质决策分析中处理不确定性的概念和技术进行了全面、系统的论述，并提供了实例。

近年来，随机方法被广泛应用于地下水不确定性的分析中，其中 Beven 和 Binley（1992）提出 GLUE（Generalized Likelihood Uncertainty Estimation）方法对水文模型的参数不确定性进行分析。由于其原理简单、计算方便，被广泛应用于地下水模型不确定性研究中，如 Rojas 等（2008）采用 GLUE 与贝叶斯模型平均结合，分别对模型参数和概念模型的不确定性进行了统计。此外，马尔科夫链蒙特卡洛（Markov Chain Monte Carlo，MCMC）也是一种重要的不确定性分析方法，具有计算效率高、适用性强等优点，常用的 MCMC 方法包括 Metropolis - Hastings（M - H）算法（Hasting，1970）、Adaptive Metropolis（A - M）算法（Haario 等，2001）及 Single Component Adaptive Metropolis（SCAM）算法（Haario 等，2005）等。Vrugt 等在多链 MCMC 算法的基础上进行改进，进一步提出了 DREAM（Vrugt 等，2008）、$DREAM_{(ZS)}$（Ter Braak 和 Vrugt，2008）、MT - $DREAM_{(ZS)}$（Laloy 和 Vrugt，2012）、$DREAM_{(D)}$（Vrugt 和 Ter Braak，2011）和 $DREAM_{(ABC)}$（Sadegh 和 Vrugt，2014）等多种算法。

除 GLUE 和 MCMC 外，用于地下水模型不确定性量化的随机方法还包括集合卡尔曼滤波法（Ensemble Kalman filter，EnKF）（Panzeri 等，2013）、水力层析法（hydraulic tomography）（Zhu 和 Yeh，2005）、粒子滤波器法（particle filter，PF）（Field 等，2016）、迭代随机集合法（iterative stochastic ensemble method，ISEM）（Elsheikh 等，2013）和零空间蒙特卡洛法（null－space Monte Carlo，NSMC）（Yooh 等，2013）等。由于篇幅原因，这里不再对它们做详细介绍。

地下水数值模拟结果的不确定性主要来源于 3 个方面：①模型输入参数的不确定性；②将复杂的地下水系统转化为简单的数学模型，对各种复杂条件进行概化所引起的不确定性；③运用数值方法求解数学模型，解的误差引起的不确定性。模型输入参数广义上说包括需要输入到模型中的所有信息有：①现场的一般水文地质边界和水化学背景信息，如水文边界的位置和性质、各个地质单位的厚度、目前污染羽的位置等；②传统的一些水文地质参数和化学参数，如渗透系数、贮水系数、弥散度、孔隙度、化学反应速率等；③描述模拟中将要用到的反映外部影响的项，如补给和排泄项的分布情况、注水和抽水速率、污染源的历史等。

地下水问题的数值解容易受到各种来源数值误差的影响。某些情况下，计算结果反映的一些特性可能表明它存在有某种误差，因而可以设法在结果中消除这些误差。然而通常情况下，人们常常很难识别这些数值误差并加以消除，这样一来在模拟结果中就会引入不确定性。由于多数这类数值误差可以通过空间、时间离散上的加密剖分来减少误差，因此当今天拥有更强大的计算机已成为可能时，就能通过在模拟中合理地增加结点数和时间步长数来减少误差，所以可以期望在不久的将来这种来源的不确定性在整个不确定性来源中所占的比重会逐步明显减少。

有关方程特别是对流-弥散方程的应用在概念上碰到的困难给我们提出了一个更加复杂的问题。它直接或间接和介质的非均质性有关。现有的对流-弥散方程是建立在特征体元（REV）概念基础上的，事实证明这种以 REV 为基础的理论已难以适应自然界普遍存在的非均质介质中的溶质运移问题。为此自 20 世纪 80 年代早期以来，“在人们另辟蹊径中”，如何把随机方法应用于溶质运移问题得到广泛注意，取得了很多重要成果。但也应看到至今这些以随机方法为基础的理论仍然难以常规地处理各种野外实际问题（如 Sposito 等，1986；Carrera，1993；Dagan 和 Neuman，1997）。另外在野外场所也很少能取得满足随机方法用来刻画渗透系数结构和统计性质所需的、足够的大量资料。目前人们仍在继续努力去探索建立可供实用的模型、用来代替以 Fick 定律为基础的对流-弥散方程所建立的模型，以减少前面提到的困难，但看来还有一段相当长的路要走。因此，看来在不远的将来，以 Fick 定律为基础的经典对流-弥散方程很可能仍将在相当长一段时间内保持作为污染物运移模拟的基本手段。由此看来和模拟有关，特别是和溶质运移有关的概念上的不确定性可以看成是由于无法在足够详细的尺度上刻画非均质性的特性所引起的。不论用确定性方法还是随机方法，这类不确定性只有在更加便捷、更加准确地描述和量化含水层非均质性成为可能时才有可能明显减少。

二、评估不确定性的方法

（一）敏感度分析

1. 敏感度（灵敏度）

敏感度分析（灵敏度分析）的目的是为了对已经识别过的模型的不确定性进行量化。模型的不确定性是由于在判断该模型的含水层参数、外部影响以及边界条件方面存在着不确定性所造成的。事实上，对如岩性、构造等其他方面的判断上也都存在着不确定性。所以敏感度分析应该是所有模拟结果用于实际问题时需要做的一个基本步骤。模拟结果中能为我们所接受的参数值范围也都是在模型识别和敏感度分析的基础上最终确定下来的。敏感度分析时，经过识别得到的渗透系数、贮水系数、补给量和边界条件的值都要在预先设定的、合理的范围内系统地加以改变，以观察它们的影响。一般把水头变化的大小（以识别阶段的解为基准）作为解对特定参数灵敏度的衡量标准。敏感度分析的典型做法是同一时间内只改变一个参数值，以观察它的影响。但这也并不是绝对的，同时改变两个或更多参数值有时也是可以的，它的效果可以用来考核决定合理解的最大范围是否合适。如渗透系数和补给速率可以一起改变，为此常把低渗透系数和高补给速率在一起，高渗透系数和低补给速率组合在一起加以改变，以观测它们的影响。敏感度分析也可以用来测试参数值的改变对水头以外别的因素的影响。采用自动识别程序时，也要进行敏感度分析。更有效的敏感度分析是计算敏感度（敏感度系数）。敏感度是这样定义的，它表示一个因素变化对别的因素的影响程度，通常用下式表示

$$\beta_{i,k}=\frac{\partial H_i}{\partial a_k} \tag{5-1}$$

式中：$\beta_{i,k}$为模型变量（如水头、浓度等）H 对第 k 个参数在第 i 个观测点上的敏感度。

如模型变量为水头，则 H_i 表示 i 点的水头，a_k 为第 k 个参数值。由于不同模型变量的量纲不同，不同参数的量纲差别也很大，所以上述敏感度没有一个统一的单位和量纲。为了便于不同参数间敏感度的比较，式（5－1）也可以化为下列形式

$$\beta_{i,k}=\left(\frac{\partial H_i}{\partial a_k}\right)a_k \tag{5-2}$$

这样敏感度的量纲就和模型变量如水头或浓度等的量纲一致了。式（5－2）还可进一步化为下列无量纲形式

$$\beta_{i,k}=\frac{\dfrac{\partial H_i}{\partial a_k}}{\dfrac{H_i}{a_k}} \tag{5-3}$$

这种无量纲形式更有利于不同参数、不同变量以及不同模型之间敏感度的比较。当然也可用别的无量纲形式来表示（Wagner 和 Gorelick，1986，1987；Hill，1998）。

$\beta_{i,k}$值大意味着参数值改变对模型变量（如计算水头）的影响大。所以敏感度分析在参数识别中有着重要作用，往往要求在每个观测点上对每个评估的参数求它的敏感度。另外通过绘制敏感度图可以反映出模型的哪些区域对所给出的参数值的改变最为敏感。考虑到国内这方面的成果还很少，只能参考国外一些著作（如 Zheng 和 Bennett，2002）予以简单介绍。

具体计算时，对于某一特定参数的敏感度可以采用下列近似公式加以计算：

$$\beta_{i,k}=\frac{\partial H_i}{\partial a_k}\approx\frac{H_i(a_k+\Delta a_k)-H_i(a_k)}{\Delta a_k} \tag{5-4}$$

或采用下列标准化的形式

$$\beta_{i,k}=\left(\frac{\partial H_i}{\partial a_k}\right)a_k\approx\left[\frac{H_i(a_k+\Delta a_k)-H_i(a_k)}{\Delta a_k}\right]a_k \tag{5-5}$$

式中：a_k 为某实例的参数值；Δa_k 为参数的细小改变；$H(a_k)$、$H(a_k+\Delta a_k)$ 分别为该实例中由该参数值所得的模型变量值和参数值有细小变化时所得的模型变量值。

显然应用式（5－4）或式（5－5）计算敏感度，需要进行一次基本实例模拟和 M 次附加的，每次只改变一个参数的模拟。虽然做起来简单，但当参数量多、观测点的量也多，都需要计算它们的敏感度时，这样一个计算过程从计算角度来说就显得重复、乏味、缺乏效率了。为此不少研究者对如何设法减少计算敏感度所需的计算量进行了研究，对这方面感兴趣的读者可以参考 Sykes 等（1985）、Wilson 和 Metcalfe（1985）、Schmidtke 等（1987）提出的方法，限于篇幅，本书就不一一介绍了。

式（5－4）和式（5－5）给出的敏感度只是在一个特定位置上对一个给定的参数，模型所反应的敏感度的大小。显然目标函数平方和对某一个模型输入参数的敏感度常常是很有用的，因为它定义了一个单一的敏感度，不会由于模型变量不同而有不同的敏感度。为此，人们往往以目标函数的平方和来代替敏感度公式中的模型变量，有

$$\beta_k=\frac{\partial S}{\partial a_k}\approx\frac{S(a_k+\Delta a_k)-S(a_k)}{\Delta a_k} \tag{5-6}$$

或标准化形式

$$\beta_k=\left(\frac{\partial S}{\partial a_k}\right)a_k\approx\left[\frac{S(a_k+\Delta a_k)-S(a_k)}{\Delta a_k}\right]a_k \tag{5-7}$$

式中：ΔS 为由于参数 a_k 改变，目标函数平方和从 $S(a_k)$ 变为 $S(a_k+\Delta a_k)$ 所引起的改变。为了对一个选定的参数 a_k 计算目标函数平方和的敏感度，要选定一组模型参数作为基本参数，由各个观测点水头、浓度或流量的观测值和计算值来计算目标函数的平方和 S 值。接着保持其余参数不变，仅参数 a_k 变化一个量 Δa_k，计算在这组新参数情况下的 S 值，于是敏感度就可用式（5－6）和式（5－7）计算了。正的 β_k 值表明随着 a_k 的增加，S 也增加；负的 β_k 值表明随着 a_k 的增加，S 反而减少。β_k 的绝对值表示野外观测值和模型模拟值之间拟合情况对模型参数 a_k 的相对敏感度。

需要注意，如果模型变量和参数 a_k 是线性关系，则 a_k 的增加或减少不同的量将得到相同的 β_k 值。若两者的关系是非线性的，a_k 的增加或减少不同的量就会得到不同的 β_k 值。因此，如果模型变量和参数是非线性关系，就要详细说明参数的变化范围。从理论上讲，由有限差分近似式（5－4）～式（5－7）算出的敏感度当参数改变的大小减少时它会趋近于精确的敏感度（Zheng 和 Bennett，2002）。可是如 Poeter 和 Hill（1998）指出的那样，参数变动太小会造成模型变量计算值的差别微不足道或者四舍五入的误差就使这种差别显得黯然失色了。反过来，太大的变动也会使敏感度不精确。因此，根据经验这种变动的大小以取能改变 1%～5%（Zheng 和 Bennett，2002）为好。

2. 敏感度分析

敏感度分析对下列情况非常有用：①用来考核改变模型输入参数对模拟结果的整体反应；②用来考核由于模型输入参数的不确定性可能会给模拟结果带来什么样的不确定性；③用来考核通过模型识别得到的参数满意程度如何。Zheng 等（2002）主张最好在识别前后都进行敏感度分析。在识别前对系统进行少量敏感度分析，是为了总地了解模型对一些参数的反应。这样的运算有助于消除某些难以发现的错误或模型建立中不协调的地方。接着在识别得到一组最优参数后，进行敏感度分析是为了确定模型的结果对模型参数的敏感程度。它将提供有关模型参数如何影响模拟结果不确定性的重要信息。如果模拟结果对某一特定参数高度敏感，那么模型做出重要解释和预报的能力将受到和该参数有关的不确定性的严重影响。换言之，如果模拟结果对某一给定参数不敏感，就意味着该参数领域的不确定性对模型解释和预报能力的影响就非常有限了。

敏感度分析可以作为确定对计算结果影响最大的模型输入参数不确定性的手段，为我们提供了一种识别模型输出中不确定性主要贡献的手段。敏感性分析方法通常可以分为两类：局部敏感性分析法和全局敏感性分析法。局部敏感性分析法每次只能评价单个变量的变化对系统输出的影响；而全局敏感性分析可以在检验单个变量变化对系统输出影响的同时分析变量之间的交叉作用对系统输出的影响。在局部敏感度分析中，首先需要做基本实例模拟，它是用通过最有效估计所得模型输入参数进行的。以后每次模拟都是从这个基本实例模拟中用的参数值出发，只改变其中某一个模型参数的值以某个百分比，其他参数保持不变。把每次模拟结果和基本实例模拟的结果相比较，计算被改变的那个参数的敏感度。模拟结果和基本实例模拟结果相差愈大，表明计算的敏感度就愈大。换句话说，一个给定的输入参数的不确定性对整个模型结果不确定性的贡献随着该参数敏感度的增加而增加。所以敏感度是一个输入参数不确定性对整个计算结果不确定性贡献的定量指标。

在不确定性评估中采用敏感度分析的主要优点是简单、灵活。它能够通过简单的多次模拟运算来实现，不需要模拟者对地质统计学或随机过程有广博的背景。能用它来分析由输入参数如渗透系数等引起的不确定性，并且能方便地加以量化，但这种方法对有些问题如不同地质单元间的边界就不好定量估计它的位置了。

敏感度分析应用于不确定性评估，蕴藏着一个问题，那就是输入参数间的相互关系。敏感度分析中，包括全局敏感性分析，各参数都假设是相互无关的，每个参数是独立变化的。然而实际上，参数常常在一定程度上是相互关联的，忽略这些相互关联可能会导致敏感度分析结果出现某些问题。例如，对渗透系数变化所引起的模型反应的敏感度是在补给速率保持不变，假设这两个变量是彼此独立的情况下计算得来的。实际上，渗透系数和补给速率常常有很强的相互关系，渗透系数大的地区，补给速率常常比较大，反之亦然。所以计算的渗透系数敏感度可能并不能精确反映模拟结果对该参数的敏感度。应用敏感度分析于不确定性评估的另一个问题是非线性问题。模型的预报通常是输入参数的非线性函数，而应用敏感度就意味着是线性关系，这是应用敏感度分析来做不确定性评估的另一个问题。这么一来，敏感度分析的结果就受选择何种基本实例来模拟和每个输入参数变化的百分比有多少的影响。

最后应指出敏感度分析是评估不确定性的一种确定性方法。它并没有考虑输入参数的

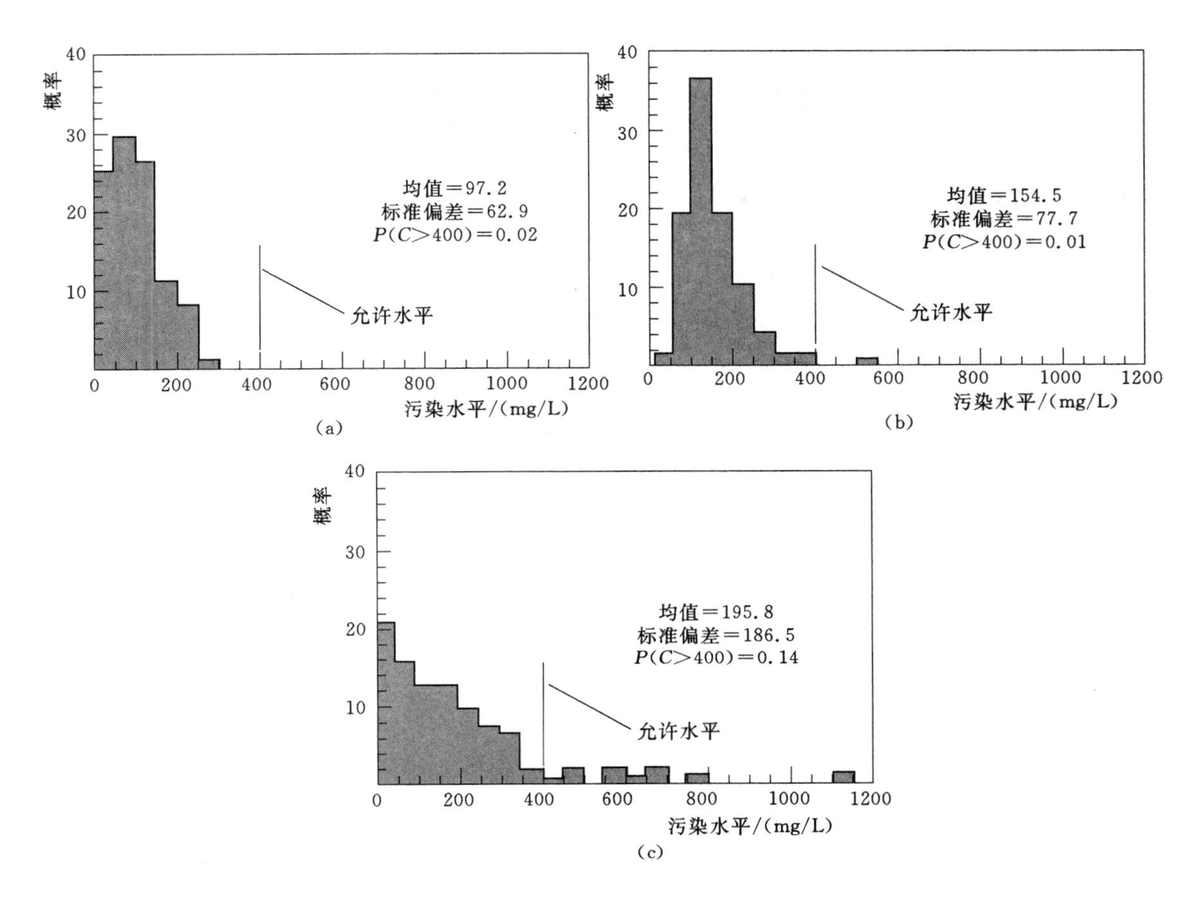

图 5-1　污染水平的概率分布

(a) 渗透系数作为随机变量；(b) 初始污染羽的形状作为随机变量；

(c) 渗透系数和初始污染羽的形状都作为随机变量

(据 Woldt 等，1992 修改)

概率结构，也不能定量表示任何给出结果的概率。尽管有这些不足，敏感度分析仍然是一种快速、近似分析模型不确定性的实用和有力工具，也可以看作是更进一步的以概率或随机方法为基础的不确定性分析的先驱（Zheng 和 Bennett，2002)。

（二）Monte Carlo 法

Monte Carlo 法是一种最广泛采用的分析复杂数值模型不确定性的方法。它是一种建立在统计方法基础上的方法。熟悉这种方法需要一些随机变量和随机过程的基本知识。限于篇幅，本书不可能再来介绍这方面的知识，国内外这方面的参考书很多，读者需要时可自行参阅。

成功应用 Monte Carlo 法来分析不确定性的实例也很多，也有一些这方面的软件可以应用。Woldt 等（1992）提供了一个应用 Monte Carlo 方法来评估三维溶质运移模型不确定性的例子。该处含水层为潜水含水层，由渗透性很好的砂、砾石组成，它被放射性核素和其他溶剂所污染，这些放射性核素和溶剂来自一个加工厂内的池塘和水沟。工厂的加工生产虽然已经停止，污染源也已被移走，但是从污染源所在地到下游河流已经形成了一条延伸长达700m的污染羽。Woldt等研究的目的是评估含水层参数和现存的污染羽形状的不确定性对于受它影响的断面或者浓度监测点处断面的浓度有什么影响。除了渗透系数以外的所有含水层参数都处理为常数，渗透系数则假设为一个对数正态分布的随机变量，它的均值和方差是给定的。每一次产生一个渗透系数场。现存的污染羽形状则需要作为初始条件输入模型，现存污染羽的浓度则假设是一个空间上相关、呈对数分布的随机变量。有关这种方法的具体运行请参阅Woldt等（1992）的著作。图5-1为3个方案下，相应断面中心的浓度频率分布。这三个方案是：①仅仅把渗透系数考虑为不确定的随机变量；②仅仅把污染羽形状考虑为不确定的随机变量；③渗透系数和污染羽形状都被考虑为不确定的随机变量。每个方案的均值、标准差和超过相应水平400个单位的概率都表示在图5-1中。看来对于这个案例，计算结果中现存污染羽位置的不确定性水平高于仅考虑渗透系数不确定性的水平（标准差=77.7对62.9）。同时考虑渗透系数和存在污染羽形状则出现最高水平的不确定性（标准差=186.5）。有趣的是模型输出中的不确定性从例（1）到例（3）逐步增加，超过相应水平的概率也从方案①的0.02增加到方案③的0.14，增加了7倍（Woldt等，1992）。

成功应用Monte Carlo法进行不确定性分析的例子还有很多，如Bair等（1991），Goodrich和McCord（1995），Copty和Findikakis（2000）等，读者可自行参阅。

（三）一阶误差分析法

读者在文献中可以看到以各种各样的随机方法为基础的不确定性分析方法（Gelar，1986；Beck，1987；Graham和Mcaughlin，1989a，b；Reichard和Evans，1989；Rubin，1991；Zhang和Neuman，1995），有兴趣的读者可以自行参阅。这里只介绍其中的一种方法，即一阶误差分析法。这是一种简单、直接定量表示不确定性从输入参数向模型输出传播的方法。该方法的基础是Taylor级数展开。假设所考虑的模型（z）是一个可以用n个随机输入变量（$x_1, x_2, \cdots, x_n$）表示的函数

$$z=f(x_1, x_2, \cdots, x_n) \tag{5-8}$$

假设有一种每个输入变量的值都等于它的期望值或均值的基本情况，以上标0表示，即

$$x_i^0=E(x_i) \quad (i=1,2,\cdots,n) \tag{5-9}$$

于是z和基本情况z^0之差可以通过Taylor级数展开式得到

$$z-z^0=\sum_{i=1}^{n}(x_i-x_i^0)\left[\frac{\partial z}{\partial x_i}\right]_{X^0}+\frac{1}{2}\sum_{i=1}^{n}\sum_{j=1}^{n}(x_i-x_i^0)(x_j-x_j^0)\left[\frac{\partial^2 z}{\partial x_i \partial x_j}\right]_{X^0}+\cdots \tag{5-10}$$

式中导数都是在$X^0=(x_1^0, x_2^0, \cdots, x_n^0)$处计算的。取一阶近似，所有比一阶项高的那些项全都可以忽略掉，于是有

$$z-z^0 \approx \sum_{i=1}^{n}(x_i-x_i^0)\left[\frac{\partial z}{\partial x_i}\right]_{X^0} \tag{5-11}$$

在一阶近似情况下，z的偏差（变差）的均值为零：

$$E(z-z^0)=0 \tag{5-12}$$

它相当于

$$E(z) \approx z^0 = f(x_1^0, x_2^0, \cdots, x_n^0) \tag{5-13}$$

这意味着输出平均可以用输入参数平均方便地得到。

输出的方差可由下式求得：

$$\begin{aligned} \mathrm{Var}[z] &= E[(z - z^0)^2] \\ &\approx E\left[\left(\sum_{i=1}^{n}(x_i - x_i^0)\left[\frac{\partial z}{\partial x_i}\right]_{X^0}\right)^2\right] \\ &= \sum_{i=1}^{n}\mathrm{Var}[x_i]\left[\frac{\partial z}{\partial x_i}\right]_{X^0}^2 + 2\sum_{i=1}^{n}\sum_{j=i+1}^{n}\mathrm{Cov}[x_i, x_j]\left[\frac{\partial z}{\partial x_i}\right]_{X^0}\left[\frac{\partial z}{\partial x_j}\right]_{X^0} \end{aligned} \tag{5-14}$$

式中：$\mathrm{Cov}(x_i, x_j)$ 为 x_i 和 x_j 对间的协方差。

如果输出都是独立的，则协方差项等于零。在这种情况下，式（5-14）可以进一步简化为

$$\mathrm{Var}[z] = \sum_{i=1}^{n}\mathrm{Var}[x_i]\left[\frac{\partial z}{\partial x_i}\right]_{X^0}^2 \tag{5-15}$$

式（5-15）中导数 $\left[\frac{\partial z}{\partial x_i}\right]_{X^0}$ 代表输入变量 x_i 的敏感度。因此，如以其方差表明的那样，模型输出中的不确定性能以各输入变量方差乘以它们各自敏感度平方的总和来近似地表示。

一阶误差分析虽然简单，而且所需的计算量大大小于 Monte Carlo 法，但它只是一种近似方法，仅适用于模型输入参数的偏差系数小（<10%～20%），式（5-10）Taylor 级数展开式高阶项能够被忽略不计而不至于导致出现重大不精确的情况。鉴于上述情况，虽然一阶误差分析是一种对 Monte Carlo 法而言具有吸引力的替代方法，但应该指出它的适用性是有限的（Zheng 和 Bennett，2002）。这方面的应用实例很多，如 LaVenue 等（1989），Loague 等（1990），Melching 和 Anmangandla（1992）和 Hamed 和 Bedient（1997）等，读者感兴趣可以自行参阅。

三、不确定性的处理

敏感度和不确定性分析的结果给我们指出了哪些输入参数对模型输出的不确定性起了重要作用，以及如何通过限制这些输入参数的不确定性来减少输出的不确定性。怎么来限制输入参数的不确定性呢？有直接和间接两种方法。直接法是在野外对这些参数另外再进行一些测量。Monte Carlo 模拟可以用来评估另外再输入数据是不是值得。怎么来评估呢？Monte Carlo 模拟根据从通过减少模型输出的不确定性中可以得到多少好处，数据收集的花费是否恰当的来评估的。间接方法则通过限制输入参数的不确定性来实现。间接方法要在模型输出变量中收集额外的数据，如水位或溶质浓度。接着通过逆问题求解技术来改善识别模型输入参数的质量。

Poeter 和 Mckenna（1995）在他们的论文中提出了一些综合概念和一个假想的例子，在这个假想例子中通过地质统计模拟和逆问题求解来减少模型输出的不确定性。读者可以参考。

既然存在不确定性，那另外一个要考虑的问题就是在存在不确定性条件下如何决策的问题。从 20 世纪 60 年代后期以来，就有很多人研究不确定性条件下的决策问题（例如

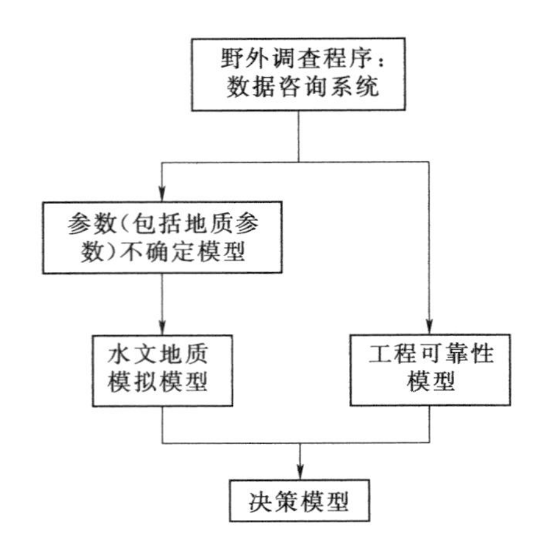

图 5-2　水文地质决策分析的框图
(据 zheng 等，引自 Freeze 等的框图)

Raiffa，1968；Keeney 和 Raiffa，1976；Morgan 和 Henrion，1990)。然而这些研究在地下水研究中并没有马上得到应用。结合地下水流与溶质运移模拟进行的定量决策分析只是近年来的事。Freeze 等学者在他们连载的、由 4 篇论文组成的综合性论文（Freeze 等，1990，1992；Massmann 等，1991；Sperling 等，1992）中，提出了综述和应用实例，此例中包含了水文地质决策分析框架中处理不确定性的概念和技术（图 5-2)，有很好的参考价值。

读者如果要从事这方面的工作，由于国内这方面的工作开展得很少，可以参考 Freeze 等人的著作，因为在 Freeze 等（1990）的框架中，系统地阐述了许多地下水开发或修复的可供选择的办法或者方案，并且通过决策模型提出了目标函数。该决策模型能确定执行每种选择的总价格。与每种选择有关的价格某种程度上也可以说是执行这种选择失败概率的函数。来自水文地质环境中的不确定性对失败概率的贡献是根据地下水流和运移模型应用 Monte Carlo 模拟计算的（其他来源对失败概率的贡献根据工程可靠性模型计算)。接着，目标函数最优化用来选择能够得出最低价格的方案。在这个框架中，还能对额外数据的获得对减少模拟结果中不确定性的好处以及它的轮流使用做出评估。

另外一些学者的成果也可以参考，他们提出把由水流模拟和运移模拟决定的水文地质不确定性合并到地下水质量管理和修复设计的决策中去。Marin 等（1989）和 Medina 等（1989）提出了在资料不齐全的条件下评估垃圾场问题的咨询系统。咨询系统的关键组分是地下水运移模拟程序，该程序通过 Monte Carlo 分析来确定和垃圾场址有关的风险。Wagner 和 Gorelick（1989）提供了另外一个例子，他们为在一个渗透系数分布不确定情况下设计最优抽水和处理系统提出了一种模拟-优化方法。另外，溶质运移模型通过 Monte Carlo 法去评估由于渗透系数分布的不确定性所导致的监测井中模拟浓度的不确定性。此外，Freeze 和 Gorelick（1999）的著作总结了 20 世纪 90 年代早期以来这方面的进展，有助于人们了解这方面的进展。

第六章　地下水模拟软件简介

随着计算机技术及数值计算方法的迅速发展，数值模拟已经成为处理地下水问题的重要手段，其具有操作方便、适用性强和准确可靠等特点，受到广大水文地质工作者的认可。国内外科技工作者开发了一系列地下水数值模拟软件，并不断推广更新，推动了地下水数值模拟软件的广泛应用。当前，地下水研究领域中，最常用的模拟软件有 Visual MODFLOW、FEFLOW、GMS 等。

Visual MODFLOW 是由加拿大滑铁卢水文地质公司（Waterloo Hydrogeologic Inc.）应用现代可视化技术在 MODFLOW 程序的基础上开发研制的软件系统。该软件具有地理信息系统数据接口、自动生成单元网格、空间参数区域化、快速精确的数值算法和友好的人机对话界面等特点，使用户可以高效、快捷地完成地下水流模拟工作。FEFLOW（Finite Element Subsurface Flow System）是由德国水资源规划和系统研究所（Institute for Water Resources Planning and Systems Research）于 20 世纪 70 年代末基于有限单元法开发的用于模拟地下水流和污染物运移的地下水专业软件。该软件具有齐全的地下水模拟功能、先进的数值算法和强大的前处理和后处理能力，能够对多孔介质中饱和与非饱和地下水流、溶质运移和热量运移过程进行模拟。GMS（Groundwater Modeling System）是由美国杨百翰大学（Brigham Young University）的环境模型研究实验室（Environmental Modeling Research Laboratory）和美国军队排水工程试验工作站（U. S. Army Engineer Waterways Experiment Station）联合开发的一款用于地下水模拟的综合性软件，已经成为当前最为通用的地下水数值模拟软件之一。本章将对 GMS 软件进行简要的介绍。

一、GMS 软件简介

（一）GMS 软件介绍

地下水模拟系统（Groundwater Modeling System，GMS），是在综合 MODFLOW、FEMWATER 、MT3DMS、RT3D、SEAM3D、MODPATH 、SEAWAT 、SEEP2D、NUFT、UTCHEM 等已有地下水模型的基础上开发的一个用于地下水模拟的综合性图形界面软件。其图形界面由下拉菜单、编辑条、常用模块、工具栏、快捷键和帮助条 6 部分组成，操作简单、使用便捷。

基于 GMS 软件具有良好的使用界面，强大的前处理、后处理功能及良好的三维可视效果，目前已成为国际上最受欢迎的地下水模拟软件之一（祝晓彬，2003）。

（二）GMS 软件发布历史

GMS 软件根据各种地下水模拟技术的发展进行持续更新，功能趋于完善，以满足越来越复杂的地下水问题的需要。GMS 通过版本的升级来增加或更新更先进的应用程序，不断完善各模块的功能。最早的 GMS 软件可以追溯到 1994 年 12 月发布的 GMS 1.0 版本，最初的版本只包含地下水流模型，如 MODFLOW 88 和 FEMWATER。随后，GMS 软件一方面不断补充新的应用程序，如溶质运移模型 MT3DMS、RT3D 等；另一方面对已有模块的功能进行改进，如从最初的 MODFLOW 88 更新至 MODFLOW 2000，再至 MODFLOW 2005。在长达 20 多年的发展过程中，GMS 6.0（2005 年 7 月发布）、GMS 7.1（2010 年 2 月发布）和 GMS 10.0（2014 年 7 月发布）是最具有代表性的版本。截至目前，最新版是 2016 年 2 月发布的 GMS 10.1。

（三）GMS 软件面向的地下水问题

GMS 软件可用于解决与地下水水流与溶质运移相关问题。大致可分为以下几类：

（1）地下水资源水量评价、管理和优化问题。主要研究地下水量时空分布规律、计算地下水可开采量、预报地下水动态，分析地下水开发利用潜力及提出相应的工程措施及建议，为制定合理的地下水开采方案提供依据。

（2）地下水溶质运移问题。主要包括：①污染物在地下水中运移的模拟及预测；②防止污染源扩散的方案设计研究；③海水入侵问题，对人工开采条件下海水与地下水过渡带的运移分析；④高辐射性核废料处置库的选址问题，选择合适条件的处置库使核废料在其半衰期内不影响人类生存空间及环境；⑤包气带中污染物的运移问题，评价农田施用化肥、农药、污水回灌对地下水水质的影响，以及土壤盐碱化防治方案；⑥已污染的含水层修复研究，包括物理、化学及生物修复技术（贺国平等，2007）。

（3）其他问题，如地面沉降、矿坑涌水量预测、基坑降水、水库选址、坝基渗漏等工程地质、水利工程问题都可以采用 GMS 软件进行分析。

（四）GMS 软件的特点

相对于其他同类软件如 Visual Modflow、FEFLOW 等，GMS 软件除模块更多之外，各模块的功能也更趋完善。本节以国际广泛应用的 MODFLOW 模块为例，分析比较 GMS 软件的特点如下：

（1）概念化方式建立水文地质概念模型。进行地下水数值模拟时，一般包括建立水文地质概念模型、建立数学模型、求解数学模型、模型识别与验证以及预报等几个步骤。其中水文地质概念模型的建立是建立数学模型的基础，即整个模拟工作的前提。

使用 GMS 软件建立概念模型时，除了常用的网格化方式外，还包括概念化方式。概念化方式是采用特征体（包括点、曲线和多边形）来表示模型的边界、参数分区及源汇项等，然后生成网格，通过模型转换将特征体上的所有属性数据转换到相应的网格单元和结点上。

网格化方式要求对每个单元进行编辑，过程比较烦琐，因此通常用于建立简单的概念模型。概念化方式直接编辑水文地质实体，且能以外部文件的形式来输入或处理模型数据，而不必逐个单元编辑数据。例如，用不同的多边形来表示参数分区，在参数拟合过程中，可直接对这些多边形进行操作，无需对每个网格重复操作。因此，概念化方式更适用于实际应用中的复杂问题。

（2）前、后处理功能全面。在前处理过程中，GMS 软件可以根据 MODFLOW 等模块的输入数据生成一系列文件，以便使用这些模块时直接调用，且可进行可视化输入。同时，MODFLOW 等模块的计算结果可以直接导入 GMS 进行后处理，实现计算结果的可视化。GMS 软件可直接绘制水位等值线图、浏览观测孔的计算值与观测值对比曲线、动态演示不同应力期和不同时段水位等值线等效果视图。

（3）版本不断更新、功能不断完善。相对于其他地下水数值模拟软件，GMS 软件自第一版发布之后，不断进行更新升级，不断补充新的应用程序、完善各模块的功能。

（4）数据输入简便。可以使用电子表格、文本等多种格式进行数据录入，可直接转换多种格式的数据文件，转换界面友好易用。

（5）兼容性强。GMS 与地理信息系统软件兼容性好，可以直接利用这类软件的成果，不需文件转换。

（6）计算结果输出的功能全面。GMS 计算结果可以直接导出，计算表格可以按节点导出为文本格式，图件可以输出为地理信息系统的 *.shp 文件、虚拟现实技术 VRML 软件的 *.wrl 文件、arc/info 的 Ascii 交换文件 *.asc 文件和 Grass 的网格文件 *.ggd 文件。计算结果可以直接为其他软件所利用。

二、GMS 软件的应用情况

GMS 软件被广泛用于国内外地下水数值模拟研究，主要用于解决地下水资源评价、地下水污染模拟与修复等问题。祝晓彬等（2005）在长江三角洲（长江以南）地区建立了反映地下水资源贮存和总体运移特征的三维模型，采用 GMS 对研究区进行精细剖分，并对模型参数进行反演识别，进一步对该地区几种不同的地下水资源开采方案进行评价，为地下水资源的管理与保护提供了依据，从而为当地经济发展规划与可持续发展提出科学的用水建议。梁秀娟等（2005）利用 GMS 软件进行了苏锡常地区的地下水流数值模拟，并在此基础上针对苏锡常地区地下水超采严重、环境地质问题突出的实际情况，提出了两个开采预报方案，结果显示苏锡常地下水超采区应严格控制地下水开采，非超采区按照 2000 年开采量的 75%开采地下水，非超采区的承压水位可以控制在 0～20m。

邵景力等（2009）利用 GMS 软件建立了华北平原三维地下水流模型，评价了模拟区的地下水补给资源量和总可开采资源量，并基于该模型预测在不同限采情况下的地下水位恢复情况，为制定科学合理、实际可行的地下水控采方案提供依据。张楠等（2012）采用 GMS 软件对吉林市城区氯离子在地下水中的运移进行了模拟分析，并对氯离子的突发性事故进行风险评估，从而得到氯离子在地下水中的运移规律以及距污染源不同距离处受到污染的时间。陈皓锐等（2012）采用 GMS 软件构建了华北平原吴桥县的潜水运移模型，利用验证后的模型模拟现状条件、气候变化和人类活动改变三种情景下未来 40 年该地区潜水位的变化过程。

Froukh（2002）利用 GMS 对巴勒斯坦约旦河西岸的盆地岩溶含水层系统进行了数值模拟，针对当地地下水资源的合理开发利用需求，提供了合理可行的供水方案。针对波兰的 Swidnica 地区（面积约 627km^2）的复杂多层地下水系统，Gurwin 等（2005）通过 GMS 建立了该地区地下水模拟模型，并分析了该地区地下水的来源以及地下水开采对该地区造成的影响。Chaaban 等（2012）应用 GMS 软件 MODFLOW 及 MT3DMS 模块，并结合 GIS 平台对法国北部沿海地区的海水入侵问题进行了分析，模拟了在不同抽水条件下的地下水-海水界面的变化，为解决当地海水入侵问题、保护沿海生态环境提出了可行建议。

三、GMS软件模块介绍

功能齐全的GMS软件除了包含MODFLOW、FEMWATER、MT3DMS、RT3D、SEAM3D、MODPATH、SEAWAT、SEEP2D、NUFT、UTCHEM、PEST等主要计算模块外，还包含MAP、Borehole Data、TINs、Solid、2D Mesh、Grid等辅助模块。

1. MODFLOW

MODFLOW是美国地质调查局（United States Geological Survey，USGS）于20世纪80年代开发的一套用于孔隙介质中地下水流的三维有限差分数值模拟程序（Harbaugh，2005）。MODFLOW自从发布以来，由于其程序结构的模块化、离散方法的简单化和求解方法的多样化等优点，已被广泛用来模拟井流、河流、排泄、蒸发和补给等水文过程对非均质和复杂边界条件的地下水流系统的影响。MODFLOW包括水井、补给、河流、沟渠、蒸发蒸腾和通用水头边界6个子程序包，分别用来处理相关的水文地质条件。随着新功能子程序包的不断加入，如模拟水位下降引起地面沉降的子程序包、模拟水平流动障碍（Horizontal - flow barrier）的子程序包等，MODFLOW的应用范围不断扩大。实践证明，经过合理的线性化处理，MODFLOW还可用于模拟空气在土壤中的运动过程。

2. FEMWATER

FEMWATER是由两个程序3DFEMWATER和3DLEWASTE合并而成，前者是地下水水流模块，后者是溶质运移模块，分别利用有限单元法来求解地下水流和溶质运移控制方程（Lin等，1997）。FEMWATER能够用于模拟饱和和非饱和条件下的三维水流和溶质运移过程，还可用于模拟海水入侵等变密度的溶质运移过程。

3. MT3DMS

MT3DMS用于模拟地下水系统中的对流、弥散和化学反应的三维溶质运移过程。GMS中MT3DMS需和MODFLOW联合使用。MT3DMS（Zheng和Wang，1999）是目前国际上最为通用的溶质运移模拟程序，为三维地下水溶质运移模拟程序MT3D（Zheng，1990）的修改版。MT3DMS能够模拟地下水溶质运移过程中的对流、弥散、衰减、化学反应、线性与非线性吸附等现象。MT3DMS提供了多种数值求解方法，如采用加速格式的广义共轭梯度（GCG）方法求解线性方程、采用三阶总变差减小（TVD）方法等求解对流项。

4. RT3D

RT3D是处理多组分反应的三维溶质运移模块，适用于模拟自然衰减和生物恢复过程。RT3D能够模拟地下水中污染物的自然降解过程，重金属、石油烃等在地下水中的迁移过程等。该模块具有较高的灵活性，用户可以自己指定反应动力学表达式或者从6个预先编好的程序包中选择一套。这些预先编好的程序包包括：①烃和氧的反应过程；②使用多个电子接受体（如O_2、NO^{3-}、Fe^{2+}、SO_4^{2-}、CH_4）模拟烃的生物降解过程；③使用多个电子接受体模拟惰性烃的生物降解过程；④限制速度的吸附反应过程；⑤模拟有细菌参加的、给电子体和电子接受体两者间反应的双重莫诺模型（Monod Model）；⑥PCE/TCE的好氧、厌氧生物降解过程。

5. SEAM3D

SEAM3D 为模拟复杂生物降解问题（包括多酶、多电子接收器）的模块。SEAM3D 在 MT3DMS 模块的基础上增加了先进的烃降解模型。它包含 NAPL 溶解包和多种生物降解包，NAPL 溶解包通过指定每种污染羽的浓度和分解速率，可以模拟飘浮在地下水面上的 NAPL 污染羽在含水层中的迁移过程；生物降解包用于模拟包含碳氢化合物酶的复杂降解反应。

6. MODPATH

MODPATH 为模拟给定时间内稳定或非稳定流中质点运移路径的三维示踪模块。该模块与 MODFLOW 联合使用，其根据 MODFLOW 计算得到的流场，追踪一系列虚拟粒子来模拟从用户指定地点溢出污染物的运动轨迹。这种追溯跟踪方法可用于描述给定时间内井的截获区。MODPATH 可以使用向前或向后追踪技术来模拟单井抽水的影响范围。

7. SEAWAT

SEAWAT 为三维变密度地下水模拟模块，包括多组分溶质运移模型和热量运移模型（Langevin 等，2003)。它由美国地质调查局（USGS）在 MODFLOW 和 MT3DMS 的基础上开发得到。SEAWAT 主要用于解决沿海地区海水入侵及内陆地区咸（卤）水入侵问题。SEAWAT 包括两个额外的程序包：变密度流（VDF）和变黏滞度（VSC)。GMS 中 SEAWAT 的使用需结合 MODFLOW 和 MT3DMS。

8. SEEP2D

SEEP2D 是用于计算坝堤剖面渗漏的二维有限元稳定流模块。它可用于模拟承压和无压流问题，也可模拟饱和、非饱和流问题；对无压流问题，模型可只局限于饱和带。根据 SEEP2D 的结果能确定坝体中的潜水面，显示渗流网格的流线、等水位线及计算渗漏量。

9. NUFT

NUFT 是三维多相不等温水流及物质运移模块，它适用于解决包气带相关问题，如包气带中多组分污染物运移问题，以及 CO_2 地质储存问题等。NUFT 模块综合考虑热量、水流、化学组分（包括挥发性有机物）等因素间的相互作用，利用有限差分方法求解三维条件下的水-热-溶质耦合模型。

10. UTCHEM

UTCHEM 为多相流模拟模块，适用于使用表面活性剂进行含水层修复治理的模拟，是一个已经被广泛运用的成熟模型。UTCHEM 最初用于模拟表面活性剂提高石油污染的修复效率，进行修正后可用于受 NAPL 污染含水层的修复模拟，可用于野外场地和实验室尺度的修复过程模拟。

11. PEST

PEST 为自动调参模块。进行参数自动估计时，运用 PEST 来调整选定的参数，重复进行 MODFLOW、FEMWATER 等模块的计算，直到计算结果和野外观测值相吻合。PEST 由 Watermark Computing 公司开发，具有强大的、独立的参数估计功能。它利用多个强健的数值反演算法来“控制”运行中的模型，程序在每次运行之后自动调整所选择的模型参数，直到将校正的目标最小化为止，其灵活性、稳定性和可靠性优于其他的参数估计程序。此外，PEST 包含许多独特的分析能力，它允许对每个模型参数设置上下限，以确保参数的合理可信；模型参数可以是可调的、固定的或与其他参数相关联的。

12. MAP

MAP 可让用户快速建立概念模型。在 MAP 模块下，以 TIFF、JEPG 等图件为底图，在底图上直接描绘代表源汇项、边界、含水层参数分区的点、曲线、多边形，快速建立概念模型。

13. Borehole Data

钻孔数据（Borehole Data）用于管理样品和地层两种格式的钻孔数据。样品数据用于绘制等值面和等值线；地层数据用于建立 TIN、实体和三维有限元网格。

14. TINs

TINs 即三角不规则网络（Triangulated Irregular Networks），通常用于表示相邻地层的界面，多个 TINs 可用于建立实体（Solid）模型或三维网格。

15. Soild

实体（Solid）是在不规则的三角形网络（TIN）建立完成之后，通过转换生成的代表实际地层的三维立体模型。

16. 2D Mesh

2D Mesh 是一种二维投影网格，在概念模型的初步设计阶段创建并用于确定外部边界条件设置。当 2D Mesh 创建后，加入适当的纵向网格空间性质，从而生成 3D Mesh。这两个辅助模块主要用于 SEEP2D 和 FEMWATER 两个计算模块。

17. Grid

Grid 模块用于建立网格。其中 3D Grid 模块的使用范围最广泛，可用于 MODFLOW、MT3DMS、RT3D、MODPATCH 和 UTCHEM 等计算模块。

18. Scatter Points

Scatter Points 为 GMS 散点数据导入模块，可以根据需要将二维或三维散点数据转入 Mesh 和 Grid 模块。

四、GMS 建模过程介绍

（一）MODFLOW 建模过程介绍

1. 建立水文地质概念模型

真实的水文地质条件往往因过于复杂而无法给出合适的数学模型，因此，常常需要通过概化，建立能够代表研究区地下水系统基本特征的水文地质概念模型。水文地质概念模型的建立一般包括以下几个步骤：

（1）确定模拟区范围。导入研究区的基本信息底图，GMS 提供两种导入方式：一种是导入已经栅格化的 GIS 图层文件；另一种是直接导入图片，在 GMS 中进行配准实现底图的栅格化。

实现底图的栅格化后，通过绘制包围计算区域的圈闭弧段来确定模拟区的范围。建议以相对完整的水文地质单元为数值模拟区，尽量将模拟区边界设置在自然边界处，或者设置在容易确定流量或地下水位的人为边界处（杜新强，2014）。

（2）边界条件的概化。MODFLOW 中提供的边界条件类型有三类：给定水头边界条件、给定流量边界条件和给定流量和水位关系的边界条件。此外，对于非稳定的地下水流，MODFLOW中还提供随时间变化的定水头边界条件（Time - Variant Specified - Head Option）。

根据含水层与隔水层的分布、地质构造条件、边界上的地下水流特征、地下水和地表水的水力联系等因素，可以将模拟区侧向边界条件概化为给定地下水水位的第一类边界、给定侧向径流量的第二类边界条件或给定流量与水位关系的第三类边界；垂向边界条件可概化为有水量交换的边界条件和无水量交换的边界条件。

对于河流边界的概化，只有切割了含水层的常年性河流或地表水体才可概化为第一类边界，未完全切穿含水层的河流，只有经过论证符合条件时，才可概化为第一类边界（杜新强，2014）。

（3）源汇项的概化。GMS中MODFLOW的源汇项主要包含井、渠、河流、入渗补给、蒸发蒸腾及通用水头边界等，这些模块可以根据模拟区的实际情况进行选择。模拟地下水开采时，应根据区内开采井的特点将其概化为点井、面积井（面状开采）或大井（单井开采）；对于降水入渗补给，根据区内降水特点、上下含水层分层特征以及地表水入渗补给特点，可将其概化为单位入渗补给强度或确定的补给量。潜水蒸发强度一般随潜水位埋藏深度而发生变化，可以建立受潜水极限蒸发埋深约束的子模型（杜新强，2014）。

（4）含水层系统结构的概化。GMS提供计算含水层单元间内部水流的方式有两种：一种是块中心水流（Block - Centered Flow，BCF）；另一种是层流（Layer - Property Flow，LPF）。对于水平方向含水层存在屏障的情况，GMS提供了专门处理地下水流界面的突变的模块HFB（Horizontal Flow Barrier）。BCF依据水力特征将含水层分为承压含水层、非承压含水层、可转换含水层和限制可转换含水层四类。LPF将含水层分为承压含水层和可转换含水层两类。

模拟过程中，应当根据含水层的类型、岩性、含水层间的水力联系，将含水层系统划分为不同的类型（承压含水层、潜水含水层、承压-半承压含水层等）。对于模拟区内可能存在的黏土透镜体及弱透水层，可将其处理为准三维（Quasi - 3D）含水层。

（5）水文地质参数分区。根据室内实验、抽水试验或其他野外试验求得的渗透系数、弹性释水系数、给水度、降水入渗系数等水文地质参数，并结合地貌、岩性等特征，建立水文地质参数分区，对不同分区给定水文地质参数，并作为水流模型识别计算的初始值。在模型识别过程中，可对分区以及参数进行调整，但应与水文地质特征相符。

GMS可对水文地质参数进行直接赋值，GMS用比值方式表示参数的各向同性及各向异性，如垂向渗透系数是水平方向渗透系数的1/10，在GMS中可输入水平方向渗透系数的具体数值、垂向与水平向渗透系数的比值1/10，而不需输入垂向渗透系数的具体数值。

（6）水力特征概化。一般情况下，认为地下水的运动符合达西定律，但对于岩溶含水系统，应论证其水流状态是否在达西定律的适用范围之内。

应根据水流状态将区内地下水流系统概化为稳定流或非稳定流，一维流、二维平面流或剖面流，准三维流或三维流等。

（7）初始条件概化。初始条件主要指模拟期初始时刻地下水流场。

对于稳定流而言，初始水位不影响最终模拟的结果，但会影响求解的时间。初始水位越接近模拟的结果，计算时间越短，反之则越长。

模拟期初始时刻地下水流场对于非稳定流地下水数值模拟至关重要，然而随着模拟时间的增长，初始条件对运算结果的影响逐渐变小。

2. 选择合适的模拟程序包

（1）水流程序包。GMS 中提供的水流程序包有三种：层流（Layer - Property Flow）、块中心水流（Block - Centered Flow）和水文地质单位流（Hydrogeologic Unit Flow）。

（2）求解程序包。GMS 中提供的求解程序包有五种：强隐式算法（Strongly Implicit Procedure）、预处理共轭梯度法（Preconditioned Conjugate Gradient）、逐次松弛迭代法（Successive Over Relaxation）、几何多栅解算器（Geometric Multigrid）及 LINK - AMG 法。其中最常用的是预处理共轭梯度法。

（3）可选程序包。GMS 选项卡中将外部源汇项（边界条件）和内部源汇项放在一起供用户选择。GMS 中包含多个可选程序包，包括井、渠、河流、蒸发、入渗补给、通用水头边界等。应当根据模拟区的实际水文地质条件选择相应的程序包。

3. 数值模拟模型的建立

利用有限差分法对模型进行时间剖分和空间离散。

时间剖分的原则：根据模拟时段内的资料精度以及模拟目标的特点或要求。例如，对区域地下水流场的模拟，剖分时段可以以天为单位；对基坑降水、抽水试验等地下水动态变化剧烈的模拟，则以小时、分为单位。

空间离散的原则如下（杜新强，2014）：

（1）网格大小以及数量应与勘察阶段对应的基础数据精度相匹配，重点地区可适度加密。

（2）适合模拟目标的要求。例如在坝区渗流模拟工作中，应该对坝体部分进行细致剖分，能够体现出坝体结构。

（3）为保证数值求解稳定，最好均匀剖分，相邻单元不要相差过大，水位变化大的地方，剖分单元应小一些。

对于非稳定流模拟，通常把模拟期划分为一系列应力期，每个应力期又可分为一个或若干个时间步长。应力期与外部应力的性质有关，一个应力期内的外部应力，如抽水量、补给量或河流水位保持为常量。时间步长代表相关的时间增量，用于近似表达控制方程中的时间导数。时间步长越小，通常数值求解越精确；时间步长分段的增加会导致模拟需要更多的计算运行时间，因此在实际工作中需要对精度和效率进行权衡。

基于 GMS 建立水文地质概念模型之后，需将概念模型中给定的属性数据转换到所剖分的网格单元和结点上，即将概念模型转化为数值模拟模型，再通过 GMS 实现对模拟区的计算。

4. 模型运行

（1）模型检查。对模型进行求解之前，需要进行 GMS 模型检查，可为求解过程的顺利进行提供一定保障。模型检查用于验查给定的模型参数是否正确、合理。若某些模型参数设置不合理，GMS 会报出错信息。一旦报错，则需修改模型参数。

（2）模型运行。通过模型检查之后，可以直接运行 MODFLOW，将在 GMS 的可视化界面显示模拟区的水位分布图。可以根据用户需要调整输出图像的内容及均衡项等信息。

（二）MT3DMS 建模过程介绍

1. 建立溶质运移模型

构建溶质运移模型之前须已建立水流模型。MT3DMS 采用块中心的有限差分网格来对模拟区进行离散，其节点位于每个网格的中心。计算时，首先采用某种地下水流数值模型（如 MODFLOW）确定模拟区各节点处水头，然后将水头模拟结果作为 MT3DMS 的输入数据，通过求解对流-弥散方程即可得到网格节点处污染物浓度随时间的变化规律。建立溶质运移模型，一般包括以下步骤。

（1）确定模拟区范围。MT3DMS 一般建立在 MODFLOW 模型基础之上，因此模拟区范围应当与 MODFLOW 模拟区范围一致。MODFLOW 模型中对应于污染晕范围的流速（水头）数据被用于 MT3DMS 模块的输入。

（2）边界条件的概化。MT3DMS 模块有三类边界条件：指定边界浓度条件、指定边界上的浓度梯度条件和同时指定边界浓度与浓度梯度的边界条件。这与 MODFLOW 中的三类边界条件并非对应关系，在使用时应当注意。

指定边界浓度条件通常代表溶质的源。例如，积聚有大量 NAPL（非水相流体）的模型单元，通常可按指定浓度单元处理，NAPL 积聚区附近地下水中的溶解度长期保持 NAPL的溶解度，并且基本是常数。对于有一口注水井的单元，如果注入流量快速充满单元的孔隙体积，通常也可按指定浓度处理，该情况下的指定浓度为所注入水中的浓度（郑春苗和 Bennett，2009）。

不透水边界和潜水面可视为指定浓度梯度边界条件。水流模拟中的零流量边界通常可以作为溶质运移模型中的零质量通量边界，因为零流量边界的对流迁移量为零，溶质质量弥散通量很小，可以忽略。如果边界条件有溶质流场，即边界单元的作用与汇的作用相同，在这种情形下，不需要指定单元的类型，把这类边界称为“自由质量出流”边界。

（3）源汇项的概化。MT3DMS 与 MODFLOW 对源汇项的概化基本相似。MT3DMS 中的源汇项主要包含井、渠、河流、入渗补给、蒸发蒸腾及通用水头边界等，这些模块可以根据模拟区的实际情况进行选择。值得注意的是，某些过程虽然作为溶质源处理，但并非水流和溶质运移控制方程中的水力源，处理时可认为它们不会对流场产生显著影响（郑春苗和 Bennett，2009）。

模拟前需要指定污染源处的浓度。蒸腾作用与一般的汇不同，蒸腾只消耗水分而不影响溶质，因此蒸腾的浓度可以视为零。一些类型的源浓度会随时间变化，常见的有浓度-时间函数，模拟时要分时段输入污染物的浓度。

（4）含水层系统结构的概化。MT3DMS 是在 MODFLOW 的基础上建立，因此对含水层结构的概化方式与 MODFLOW 相同。

（5）水文地质参数分区。根据室内实验、抽水试验或其他野外试验求得的孔隙度、弥散度（横向弥散度和纵向弥散度）等水文地质参数，并结合地貌、岩性等特征，建立水文地质参数分区，对不同分区给定水文地质参数，并作为溶质运移模型识别计算的初始值。在模型识别过程中，可对分区以及参数进行调整，但应与水文地质特征相符。MT3DMS参数赋值方式与MODFLOW相同。

根据经验，当缺乏场地的实测数据时，水平横向弥散度取值应该比纵向弥散度约小一个数量级，垂直横向弥散度取值应比纵向弥散度约小两个数量级（郑春苗和Bennett，2009）。

（6）水力特征概化。MT3DMS的地下水流水力特征与MODFLOW相同，对于准三维含水层情况，即在水流模拟中隔水层或弱透水层仅用上覆及下伏透水层之间的垂向导水率表示，这将忽略低渗透含水层的储水效应，如果隔水层或弱透水层存储或释放溶质，会导致相邻含水层浓度计算值过大或过小。

（7）初始条件概化。溶质运移模型需要设置初始条件，即初始时刻的浓度值或初始时刻污染晕的浓度分布。对于重现现有污染晕从最初到目前的演变过程，初始浓度常常取零或该区的背景值。对于评价现有污染晕的扩散或者对治理措施的响应，需要以现有污染晕的浓度分布作为初始条件。通常浓度监测数据是有限的，一般借助插值方法或地质统计学工具生成现有污染晕的浓度分布。

2. 选择合适的模拟程序包

（1）基本程序包。MT3DMS在基本程序包（Basic Transport Package）中定义整个模拟过程中需要的基本数据，包括单位、溶质类型、单元类型、初始浓度、应力期、输出内容等；MT3DMS中提供的可选程序包有5个：对流子程序包（Advection Package）、弥散子程序包（Dispersion Package）、源汇项子程序包（Source/Sink Mixing Package）、化学反应子程序包（Chemical Reaction Package）、运移监测子程序包（Transport Observation Package）。可以根据具体的研究问题选择合适的子程序包。

（2）求解程序包。MT3DMS中采用了混合Euler-Lagrange方法来求解对流弥散方程。弥散项的求解采用常规的有限差分方法，而对流项的求解方法有5种：质点向前追踪特征线方法（MOC）、向后追踪特征线方法（MMOC）以及两者的结合-混合特征线方法（HMOC）、三阶总变差减小方法（TVD）和标准有效差分法。当前最常用的是三阶总变差减小方法。

（3）源汇项子程序包。GMS选项卡中将外部源汇项（边界条件）和内部源汇项放在一起供用户选择。在源汇项子程序包内可定义源汇项的类型及浓度数据，包括井、渠、河流、蒸发、入渗补给等。应当根据模拟区的水文地质条件选择相应的程序包。

3. 数值模拟模型的建立

MT3DMS的时间剖分和空间离散与MODFLOW的原则基本相同。对于污染晕而言，很难在应力期内达到稳定，因此大多数的模拟须按非稳定模型处理。在非稳定溶质运移模拟中需要将总模拟时间离散为应力期，每个应力期对应的指定污染物浓度为常量。应力期可依次划分为一个或多个时间步长。溶质运移的时间步长通常比水流模拟的更小，水流模拟的一个时间步长可能对应于几个更小的溶质运移模拟时间步长，从而降低数值弥散或人为振荡。

通过GMS建立溶质运移概念模型之后，需将溶质运移模型中定义的属性数据转换到所剖分的网格单元和结点上，即把溶质运移概念模型转化为数值模拟模型，通过 GMS 来实现对模拟区的计算。

4. 模型运行

（1）模型检查。与 MODFLOW 相同，GMS 对溶质运移模型进行求解前，需要对模型进行检查。

（2）模型运行。如果模型检查无误，可以直接运行 MT3DMS。运行结束之后，在 GMS 的可视化界面中将显示指定时间的模拟区指定污染物浓度分布图。可以根据需要调整输出图像的内容及均衡项等信息。

（三）FEMWATER 建模过程介绍

1. 建立水文地质概念模型

GMS 中 FEMWATER 使用有限单元法求解地下水流模型及溶质运移模型，具体建模过程与 MODFLOW 有许多相似之处，但也有需要注意的地方。

（1）确定模拟区范围。FEMWATER 导入底图的方式与 MODFLOW 基本相同。

（2）边界条件的概化。FEMWATER 中除了 MODFLOW 中使用的三类边界条件外，还提供了一种变边界（Variable Boundary）条件。变边界条件通常用于模拟最顶层单元表面过程（如空气-土的交界面），用于描述水分的蒸发、入渗模拟。多数情况下，入渗、蒸发等源汇项通过给定流量边界条件来处理，但该类处理方式要求给定流量方向平行于边界单元的法线方向。事实上降雨、入渗等方式的补给由于顶部单元厚度的起伏而并非如此，该类处理方式将人为加大补给量，FEMWATER 的变边界性质能更精确地模拟地表起伏变化条件下的降雨入渗和蒸发过程（施小清和姜蓓蕾，2008）。

（3）源汇项的概化。FEMWATER 对于源汇项的概化与 MODFLOW 和 MT3DMS 基本相同。

（4）含水层系统结构的概化。FEMWATER 采用压力水头而非通常采用的总水头作为因变量，将饱和-非饱和带作为一个整体进行模拟，这不同于以往将饱和带地下水流和非饱和带的水分单独模拟的状况。尽管目前已经建立了众多三维或者准三维的饱和水流模型，但这些模型大多都没有包括严格意义上的潜水面移动边界条件，因此，在实际应用中一般只局限于承压含水层。例如，MODFLOW 以及基于 MODFLOW 的一系列相关程序都采用二类边界，用井流项来近似处理潜水面，即采用流量边界条件近似表示真实的自由面边界，显然这种方法不能真实反映实际的模型条件（施小清和姜蓓蕾，2008）。

FEMWATER 模块能够克服这类问题，不同于 MODFLOW 模块需要指定含水层类型为承压、非承压或承压-非承压，FEMWATER 通过对压力水头和模拟层顶面标高的对比，自动识别含水层的类型。当压力水头为负值时，则表明为非饱和带，压力水头为零时，则为潜水面位置。采用压力水头为因变量的方法能很好地刻画和模拟含水系统中潜水面的位置。

（5）水文地质参数分区。FEMWATER 中含水层参数的赋值方式与 MODFLOW 不同。进行饱和带水流数值模拟时，MODFLOW 可直接对模拟含水层的渗透系数和贮水系数（或给水度）赋值，而 FEMWATER 则间接通过设定液体的属性（如密度、黏滞度液体的压缩系数等）和固体骨架属性（如孔隙度、骨架的压缩系数等）来计算得到模拟含水层的水文地质参数。后者较为繁琐，要求建模者对于水文地质的概念有更深的理解和认识，但该方法能更合理的刻画和模拟含水层的特性，特别对于溶质运移和饱和-非饱和带的数值模拟。值得注意的是，进行含水层水文地质调参时，建模者应清楚每个参数对应的含义。

（6）水力特征概化。根据地下水流状态将研究区地下水系统概化为稳定流或非稳定流，一维流、二维平面流或剖面流，准三维流或三维流等。

（7）初始条件概化。初始条件表示压力水头和浓度的初始状态，在FEMWATER中有3种初始条件：cold starts、hot starts和flow solutions。

cold starts为模拟初期指定的一系列水头值，给定压力水头有两种方式：一种是输入一个常数，FEMWATER会用该值减去节点标高自动计算出压力水头；另一种是输入水头空间变化，需要存在数据集。

对于在某一点、某一段时间收敛很好，然后不收敛的情况，可以通过减少该处节点的时间步长来尝试解决。对该点进行重新模拟，需要使用“hot starts”型初始条件。hot starts文件中包含压力水头、含水率（可选）、速率（可选）、浓度和hot starts时间。

流量法（flow solutions）仅在溶质运移模拟中使用，利用已计算获得的流量模型来定义三维溶质运移模型。流量法与cold starts结合使用需要输入初始浓度值，与hot starts结合使用需要输入非稳定流浓度和hot starts时间。

2. 选择合适的模拟程序包

（1）基础程序包。FEMWATER的主界面下有多个选项，分别对应不同的功能，包括模拟问题的类型（水流模型、溶质运移模型、水流和溶质运移模型）、地下水流的性质（稳定流、非稳定流）、计算方法（节点/节点求积分、节点/高斯求积分、高斯/节点求积分和高斯/高斯求积分）、权重因子（Crank - Nicolson central法和向后差分法）、松弛参数（非线性流量方程及运移方程和线性化流量方程及运移方程）等。

（2）求解程序包。FEMWATER中提供的求解方法有3种：逐点迭代矩阵法、预处理共轭梯度法（多项式法）和预处理共轭梯度法（不完全平方法）。

逐点迭代矩阵法包括高斯-赛德尔迭代法、逐次低松弛迭代法和逐次超松弛迭代法。在矩阵对角占优时，逐点迭代矩阵法的结果收敛。在使用逐点迭代法能满足计算效率的情况下，应尽量采用该方法，只有当收敛速度很慢时才需要考虑用另外两种方法。

预处理共轭梯度法（多项式法）采用共轭梯度法解决矩阵方程，它将多项式作为预处理因子，当矩阵是对称正定矩阵时，结果收敛。理论上，收敛速度比逐点迭代法快。只有当逐点迭代法太慢时才使用该法。

预处理共轭梯度法（不完全平方根法）采用共轭梯度法解决矩阵方程，它将不完全Choleski分解作为预处理因子，当矩阵是对称正定矩阵时，结果收敛。然而，当矩阵些微不对称，也可产生收敛解。理论上，收敛速度比逐点迭代法快，与多项式共轭梯度法相当，只有当逐点迭代法太慢时才使用该法。它通常比多项式共轭梯度法使用广泛。

（3）可选程序包。GMS选项卡中将外部源汇项（边界条件）和内部源汇项放在一起供用户选择。FEMWATER中可定义节点边界条件、面边界条件、点源汇项边界条件（井）等。应当根据模拟区的实际水文地质条件选择相应的程序包。

3. 数值模拟模型的建立

利用有限单元法对模型进行时间剖分和空间离散。时间剖分和空间离散的原则与MODFLOW与MT3DMS相同。但FEMWATER在空间离散方面有着不同的特点：

(1) 不同于MODFLOW和MT3DMS生成的正交单元网格，FEMWATER支持的单元类型有六面体、四面体、三棱柱。使用者可以很方便地生成各种形状的有限元网格，在建模中使用三棱柱比较多，因为三棱柱有一些好的性质便于建模。

(2) FEMWATER提供4种创建网格方法：TINs法、Boreholes法、Solid法和网格节点法。

(3) MODFLOW和MT3DMS中对某一单元进行加密时，将对单元格所在的行或列全部加密，而FEMWATER可只对特定的单元加密，而不影响相邻单元。

FEMWATER提供3种加密方法：垂向列加密只在X、Y方向分割六面体和楔体；所有单元格加密为三角形，包括粗糙加密和细致加密方式；保留单元格类型加密，使单元格转化为更小的同类型单元格。

从计算效率上看，单元数目越少并不意味着计算速度越快。单元越少，计算时所需要的迭代次数越多，既没达到精确的计算目的，计算速度也不一定快。因此最好尽可能用足够的单元来刻画模拟区。

基于GMS建立水文地质概念模型之后，将概念模型中定义的属性数据转换到所剖分的网格单元和结点上，即将概念模型转化为数值模拟模型，通过GMS来实现对模拟区的计算。

4. 模型运行

FEMWATER的模型检查和模型运行方式与MODFLOW和MT3DMS基本相同。

(四) SEAWAT建模过程介绍

1. 建立变密度地下水流及溶质运移模型

SEAWAT可用于处理与地下水相关的变密度流问题。SEAWAT模型采用的水流和溶质运移方程基于以下假设条件：含水层水流服从达西定律；弥散方程中的扩散方式服从Fick定律；温度恒定；孔隙介质完全饱水；流体完全混溶且不可压缩。

SEAWAT模型以MODFLOW和MT3DMS为基础，建立变密度地下水流及溶质运移模型之前，需要建立MODFLOW和MT3DMS模型。对于模拟区的范围、边界条件的概化、源汇项的概化、含水层系统结构的概化、水文地质参数分区、水力特征概化、初始条件概化均与MODFLOW和MT3DMS的要求相似，并具有以下几点不同之处：

(1) 水头定义方式不同。SEAWAT以淡水水头或等价淡水水头为基础，实测水头通过转化为等价淡水水头后参与模型计算。

(2) 建模方式不同。MODFLOW模型采用体积守恒建立水流方程，对于变密度地下水模型，体积守恒不再适用。SEAWAT采用质量守恒建立水流方程，并将地下水的密度定义为地下水中溶解物质浓度的函数，忽略温度对地下水密度的影响。

(3) 求解方法不同。MODFLOW和MT3DMS分别独立求解地下水流模型与溶质运移模型，而SEAWAT对两个模型耦合求解。地下水流方程包含描述溶质浓度随时间变化的偏微分项，地下水流动会导致浓度的重新分配，进而会影响流场。因此，地下水流和溶质运移两个模型必须耦合求解。

（4）边界条件和初始条件的定义不同。SEAWAT 模型初始条件包括初始水头边界和初始浓度边界，分别定义了模拟初始时的流场和浓度场，但只能用于非稳定流模拟。SEAWAT 所模拟的对象均为非稳定流，需将 MODFLOW 稳定流转化为非稳定流并设置合理的应力期。

（5）建模基础不同。SEAWAT 模型可直接建立在现有 MODFLOW 和 MT3DMS 模型之上，提高了建模效率。

SEAWAT 的地下水流运动过程和溶质运移过程通过流速及流体密度关联耦合，形成不可分割的统一系统。变密度地下水流控制方程采用等效淡水水头作为主因变量，并考虑流体密度变化，保证运动过程的流体质量守恒。GMS 中 SEAWAT 模块假设流体密度仅是溶质浓度的函数，而不考虑温度和压力对流体密度的影响。

2. 选择合适的模拟程序包

（1）基本程序包。SEAWAT 提供两种可选程序包：变密度流程序包（Variable - Density Flow）和黏滞度程序包（Viscosity）。海水入侵模型一般选择变密度流程序包。变密度流程序包需要输入时间步长、液体（如海水）的密度、密度与浓度的比值等相关参数。在黏滞度程序包中需要输入关于液体黏滞度的相关参数。

（2）求解程序包。SEAWAT 提供两种变密度地下水流与溶质运移方程耦合求解方法：显式耦合求解和隐式耦合求解。对于显式耦合求解，针对每个时间步长，首先采用前一时间步长求得的溶质浓度分布计算得到流体密度分布作为本时间步长的密度分布，用于求解水流方程得到水头分布，并生成流速场，然后基于该流速场求解溶质运移方程获得溶质浓度分布。在整个模拟计算过程中，不停交替求解水流和溶质运移方程直至模拟期结束。对于隐式耦合求解，需要在每个时间步长里多次交替求解水流和溶质运移方程，并及时更新浓度场和密度场，用于检验各单元格处连续两次交替求解得到的流体密度差最大值是否小于指定的允许误差。只有通过检验才能进入下一时间步长，否则继续交替求解水流和溶质运移方程。

显式耦合求解效率高，足够适用于大多数变密度地下水流模拟。隐式耦合求解速度较慢，但求解精度较高，当溶质浓度变化较快时，则需要采用隐式耦合求解（林锦，2008）。

3. 数值模拟模型的建立

SEAWAT 基于有限差分法对模型进行时间剖分和空间离散。剖分方法和剖分原则与 MODFLOW 相似。

基于 GMS 建立变密度地下水流及溶质运移概念模型之后，将模型中定义的属性数据转换到所剖分的网格单元和结点上，将概念模型转化为数值模拟模型，通过 GMS 来实现对模拟区的计算。

4. 模型运行

模型检查和模型运行方式与 MODFLOW 和 MT3DMS 基本一致。以海水入侵数值模拟的输出结果为例，GMS 可以直接输出某个网格海水浓度随时间的变化情况，也能直接反映咸淡水界面的变化情况。

第七章　地下水数值模拟案例

本章将展示基于GMS软件进行地下水数值模拟的一般操作过程。通过一个沿海地区海水入侵的数值模拟案例分析，介绍了基于GMS软件建立研究区地下水流与溶质运移概念模型的基本要点，分别描述了利用GMS中MODFLOW、MT3DMS和SEAWAT模块进行地下水流、溶质运移和变密度海水入侵数值模拟的基本步骤。

一、案例介绍

（一）研究背景

莱州湾是中国最早发现海水入侵现象的沿海地区之一。20世纪70年代中期，为进行农业生产，当地农民兴起了使用机井灌溉的方式开发地下水资源，原来分布在天然咸淡水界限附近的水井，只有当大潮或风暴发生时，井水才发生短暂的变咸，之后恢复。后来，随着农业灌溉面积的扩大，水井密度的增加，开采量增加，某些水井水质长期变咸。进入80年代，沿海乡镇企业异军突起，工矿企业发展迅猛，其水源地布局不合理，多建在咸淡水界限附近，过量抽取地下水，加剧了海水入侵的发展。截至80年代中期，海水入侵已成为十分普遍的一种现象，当地群众称为海水倒灌。由于地下水无序的开发以及海水入侵被动的防治，造成海水入侵的加速和大面积发展。特别是80年代末期，莱州湾沿岸一些市县粮食减产，工厂被迫减产、停产，造成了极大的危害。海水入侵灾害引起了政府的高度重视。

（二）研究区概况

研究区位于莱州湾西部，区内属于平原区，属潍北平原的一部分，主要由潍河冲积形成。潍北平原地貌类型层次变化明显，由南部的山前冲洪积平原过渡到中部的冲积、海积平原和北部滨海海积平原，海岸类型为粉砂淤泥质海岸。研究区北部为渤海莱州湾，区内及附近河网密布，较大的河流有小清河、新榻河、弥河、白浪河、虞河等河流。研究区北部分布着海水养殖区、农业种植区及居民生活区，对地下水需求量较大，且受到海咸水入侵污染地下水的风险。

二、水文地质概念模型的建立

（一）研究区范围的划定

根据研究区水文地质资料，包括含水层类型与分布、地下水开发利用特征、地下水位动态等，将本次研究区范围划定为：北部以海岸带为界、东部以白浪河为边界、西部以弥河为界、南部为人为边界。研究区面积约为1020km^2。

（二）边界条件的设置

研究区的东部和西部边界均处理为河流边界条件，河流水位由上游至下游，水位均匀递减，且河床导水系数保持不变。研究区北部为海岸带，在此不考虑潮汐等作用，简化处

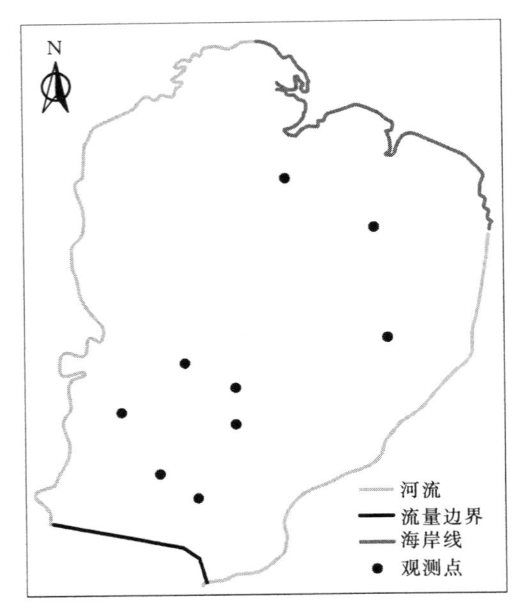

图 7-1　研究区地下水边界条件及观测点示意图

理为定水头边界条件，南部为流量边界条件，根据该处附近的地下水位观测资料推测边界流量，如图 7-1 所示。

（三）源汇项的设置

研究区内地下水源项主要包括降水、灌溉回渗、养殖区回渗等，汇项主要包括养殖区抽采地下水、农业及居民生活开采等。在本案例分析中，研究区表层均匀接受降水的补给，灌溉回渗均匀分布在农业区，养殖区对地下水进行分区开采（图 7-2）。

（四）水文地质参数分区

研究区位于滨海平原区域，该区域地下水主要赋存于第四纪松散岩类孔隙介质中，属于浅层淡水、潜水-微承压水。从南至北，含水砂层的岩性从中粗砂、砾石等颗粒粗大的地层（厚度一般为 5～30m）变化到为中砂、细砂及粉砂（砂层厚 10～30m），富水性从强-极强变化到中-强。

图 7-3 所示为研究区水文地质参数分区示意图，根据含水介质的颗粒特征与沉积条件以及前期积累的研究资料，研究区被划分为 4 个子区域，各子区的水文地质参数值见表 7-1。

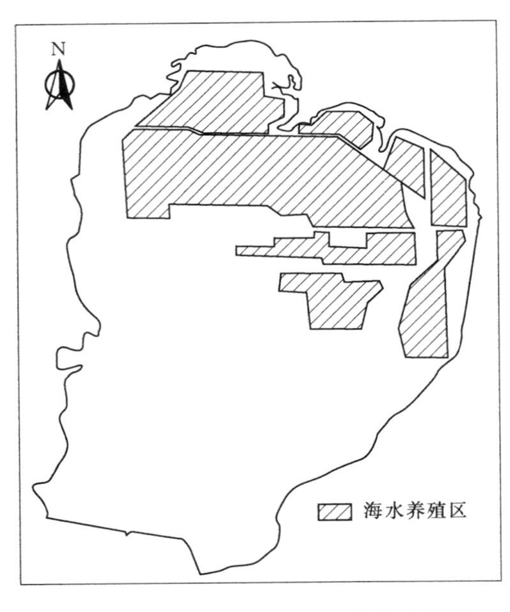

图 7-2　研究区海水养殖区分布示意图

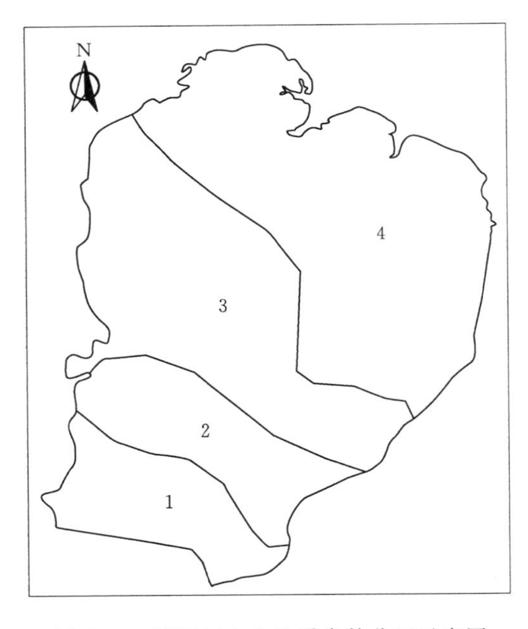

图 7-3　研究区水文地质参数分区示意图

表 7-1　研究区水文地质参数分区赋值

区号	渗透系数/(m/d)	储水率/(1/m)	给水度
1	15	0.0002	0.25
2	12	0.0002	0.25
3	8	0.0003	0.2
4	6	0.0003	0.2

三、海水入侵数值模拟模型的建立

本次基于 GMS 软件的海水入侵案例分析为变密度地下水溶质运移数值模拟，模拟初始时刻选择为 1970 年 1 月（假设该地区未发生海水入侵），模拟期设为 10 年，即模拟结束时刻为 1979 年 12 月。

（一）MODFLOW 模型的建立

（1）输入并校正模型底图。打开 GMS 导入模拟区图件并配准后（或直接导入 shapefile 文件），命名并保存文件。选择 Edit | Units 命令，定义研究区模型的计算单位，定义 length 为 m，time 为 d，mass 为 kg，保存并退出。

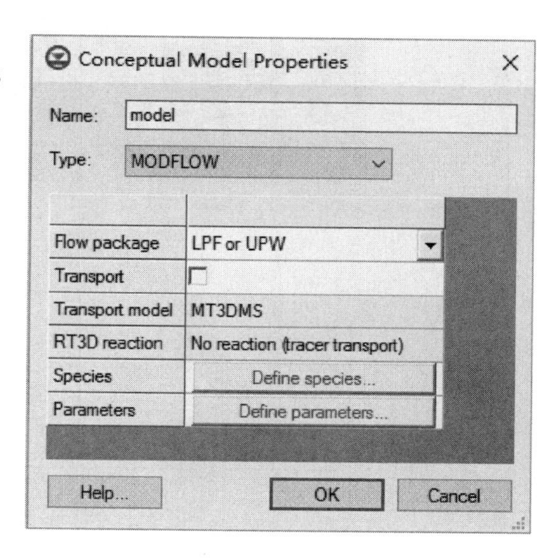

图 7-4　建立概念模型

（2）设置模型边界。右击左边栏空白处 New | Conceptual Model Properties，输入名称为 model，选择模型 Type 为 MODFLOW，如图 7-4 所示。右击 Map Data 下的 model 概念模型，在弹出的菜单中选择 New Coverage 命令，并将 Coverage name 改为 Boundary。选择曲线绘制工具，通过点击研究区模型的边界开始绘制曲线，点击起始点结束曲线绘制过程，如图 7-5 所示。

（3）创建源汇项。右击 Boundary 层，在弹出的菜单中选择 Duplicate 复制命令，并命名为各源汇项名称。右击源汇项层，在弹出的菜单中选择 Coverage Setup，对建立的源汇项层（边界条件、水文地质参数、观测井、抽水井）逐一进行参数设置，如图 7-6 所示。分别右击源汇项层，在弹出的菜单栏中选择 Attribute Table 并输入参数，如图 7-7 所示。选中概念模型东西边界，将其设定为河流边界。选中概念模型北部边界，将其设定为定水头边界。选择 Feature Objects | Build Polygons 命令，创建多边形。

（4）剖分网格。选择 Feature Objects | New Grid Frame 命令，生成模型剖分框架。右击 Map Data 下的 Grid Frame，在弹出的菜单中选择 Fit to Active Coverage 命令，使剖分框架覆盖源汇项层。选择 Feature Objects | Map→3D Grid command 命令，在弹出的窗口中设置本次数值模拟合适的剖分精度，如图 7-8 所示。右击 3D Grid Data 下的 Grid，选择菜单栏里 New MODFLOW 命令，对模型 MODFLOW 数据进行初始化，如图 7-9

图 7-5　绘制研究区边界

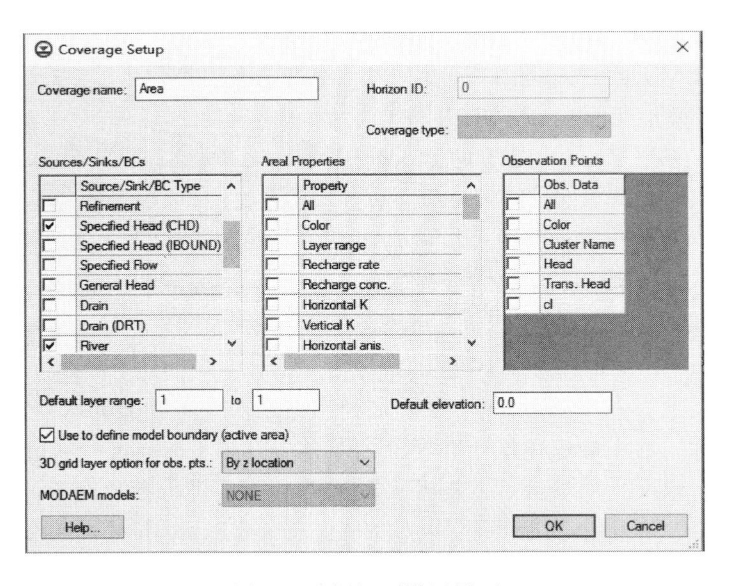

图 7-6　源汇项设置界面

所示。点击任意源汇项层，选择 Feature Objects | Activate Cells in Coverage（s）命令，将模拟区外的单元定义为非活动单元格，即该部分单元格将不参加数值模拟计算，如图 7-10所示。

（5）输入网格高程。选择 File | Open 命令，打开研究区顶底板高程数据，如图7-11所示。在高程数据导入窗口勾选 Heading row，选择下一步，将研究区顶底板高程数据导

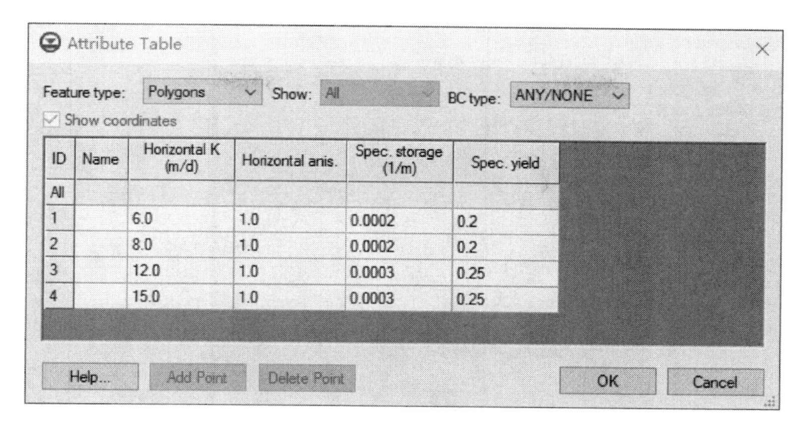

ID	Name	Horizontal K (m/d)	Horizontal anis.	Spec. storage (1/m)	Spec. yield
All					
1		6.0	1.0	0.0002	0.2
2		8.0	1.0	0.0002	0.2
3		12.0	1.0	0.0003	0.25
4		15.0	1.0	0.0003	0.25

图 7-7　水文地质参数分区设置

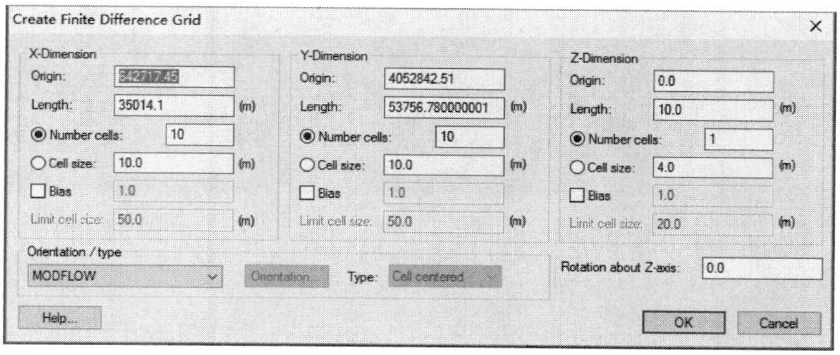

图 7-8　剖分网格

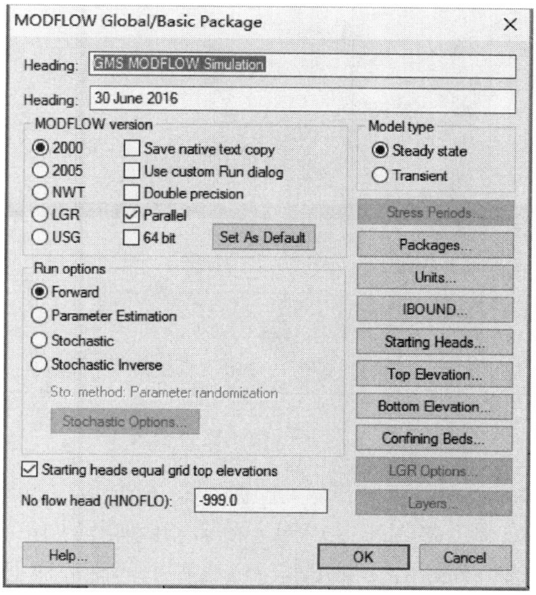

图 7-9　MODFLOW 初始化

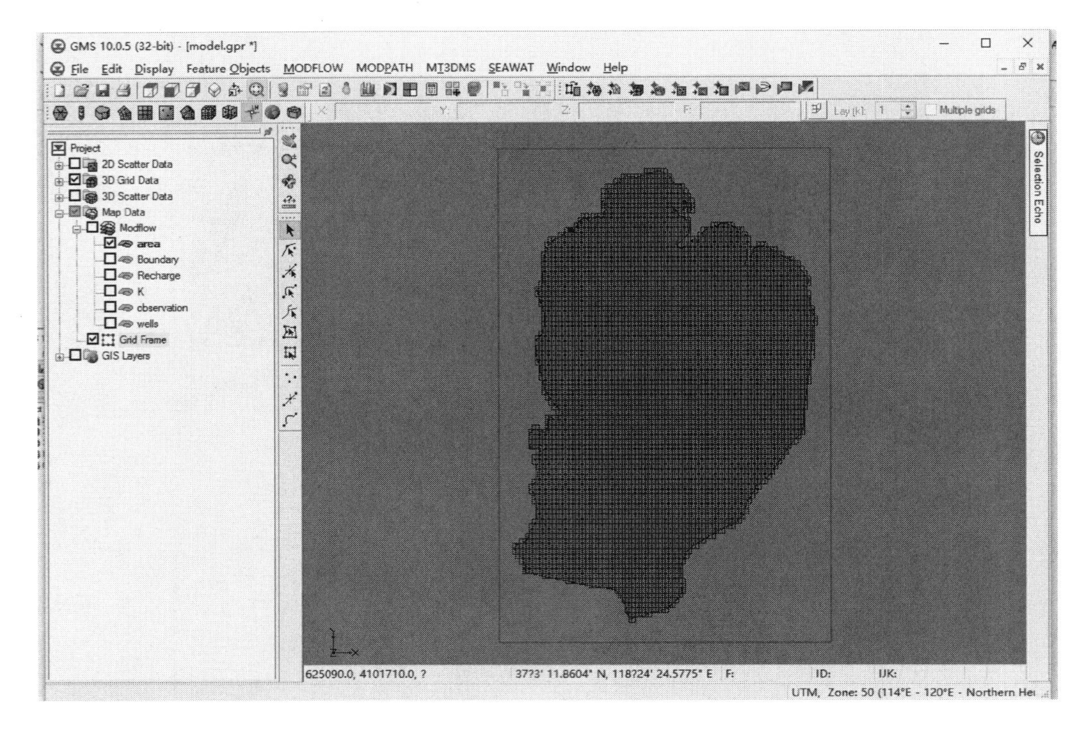

图 7-10　网格剖分示意图

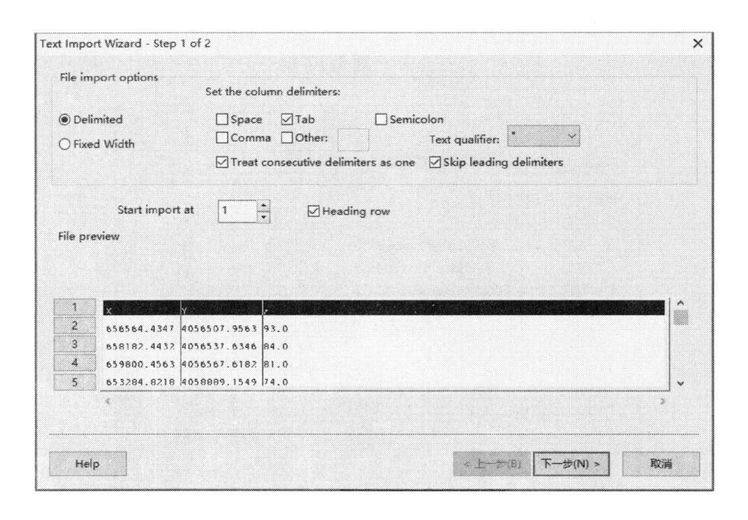

图 7-11　插入散点文件步骤 1

入模型，并生成 2D scatter points，如图 7-12 所示。右击 2D scatter points 下的顶底板高程数据，选择 Interpolate to｜MODFLOW Layers，在弹出的 Interpolate to MODFLOW Layers 对话框中，同时选中 Scatter point data sets 栏中的高程数据与 MODFLOW data 栏中的对应数据，点击 Map 按钮进行数据配对，如图 7-13 所示。此时模型高程插值完成，点击 进入 3D 视图，并选择 Display｜Display Options 命令，把 Z magnification factor

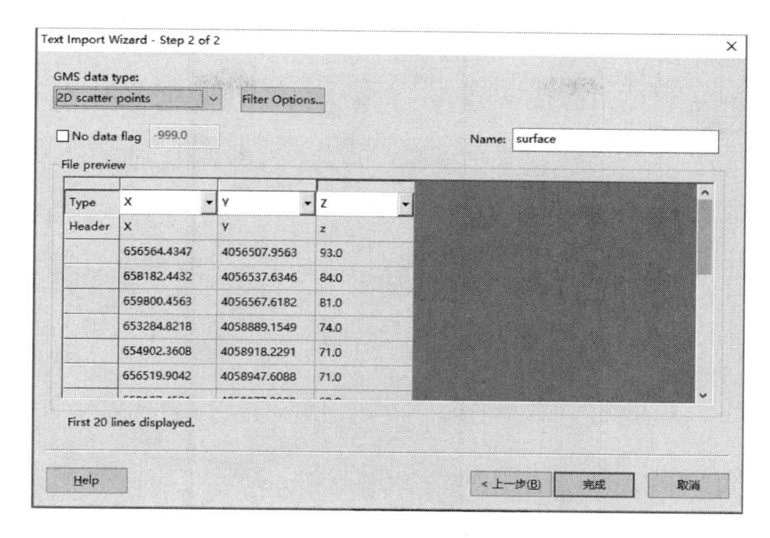

图 7-12　插入散点文件步骤 2

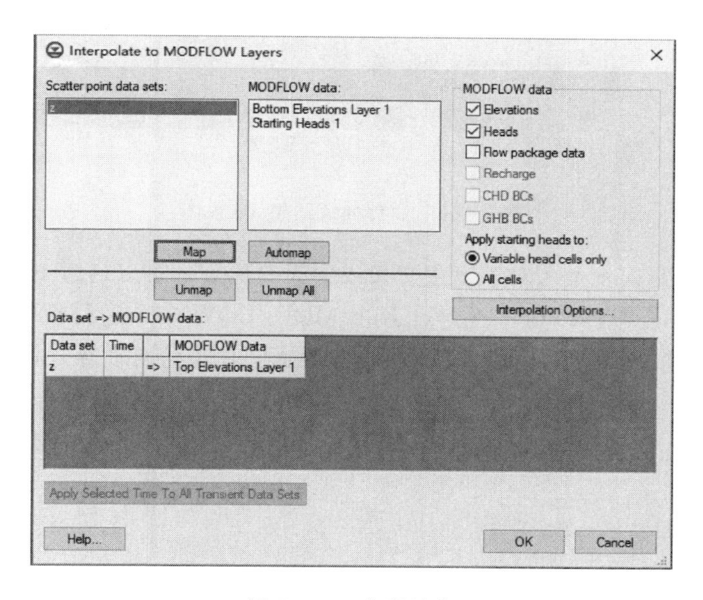

图 7-13　高程插值

调整到 10，如图 7-14 所示。

（6）建立数值模型。右击 Map Data 下的 model，在弹出的菜单栏中选择 Map to | MODFLOW/MODPATH 命令，并在弹出的窗口中选中 All applicable coverages 选项，点击 OK 将建立的概念模型转换为数值模拟模型。选择 MODFLOW | Global options，确认勾选 Starting heads equal grid top elevations，并选择 Transient Option 非稳定流选项，如图 7-15 所示。点击 Stress Periods 按钮进行时间步长初始化设置，在 Stress Periods 窗口中按照模拟需要对模型应力期进行设置，如图 7-16 所示。

（7）检查和运行模型。执行 MODFLOW | Check Simulation 命令，点击 Run Check

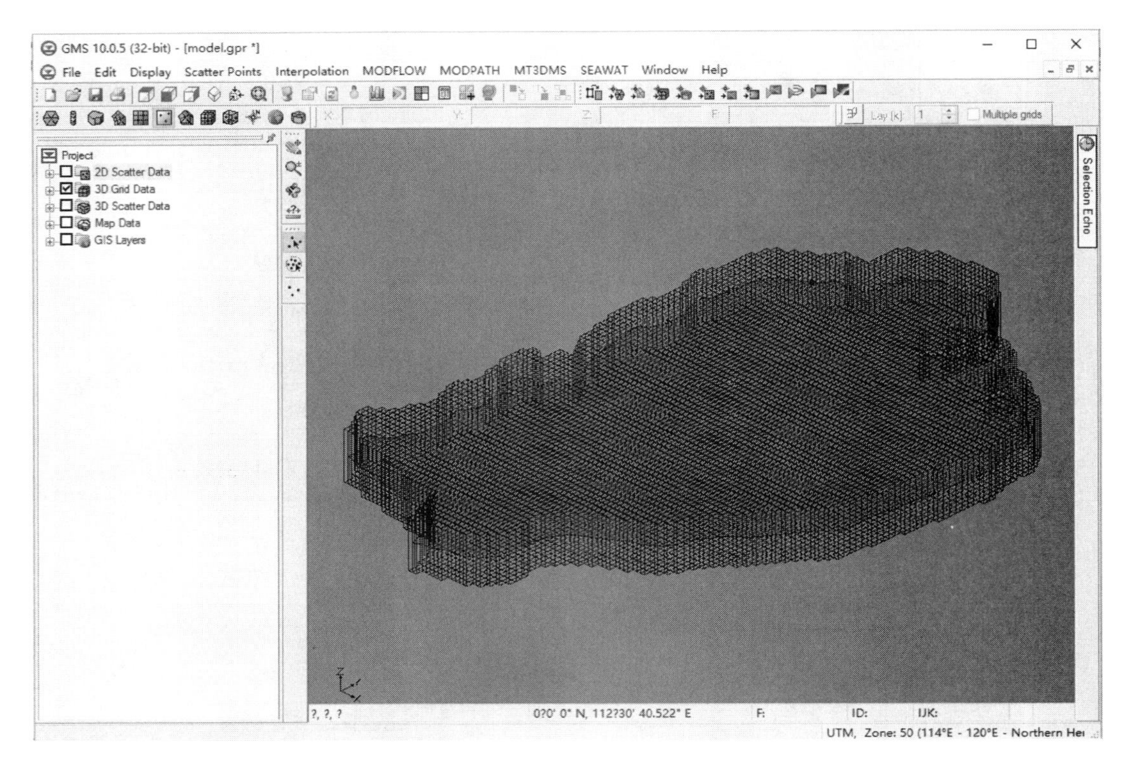

图 7-14　高程插值结果 3D 视图

按钮，确保模型无错误发生。对于发生交叉或尖灭的地方，可以通过 Fix Layer Errors 进行调整。保存模型，点击 MODFLOW | Run MODFLOW 命令进行模型运算。当运算完成后，点击 Close 按钮关闭运算窗口返回 GMS 界面，模型将自动导入计算结果并在 GMS 界面上显示，如图 7-17 所示。

图 7-15　MODFLOW 全局参数设置

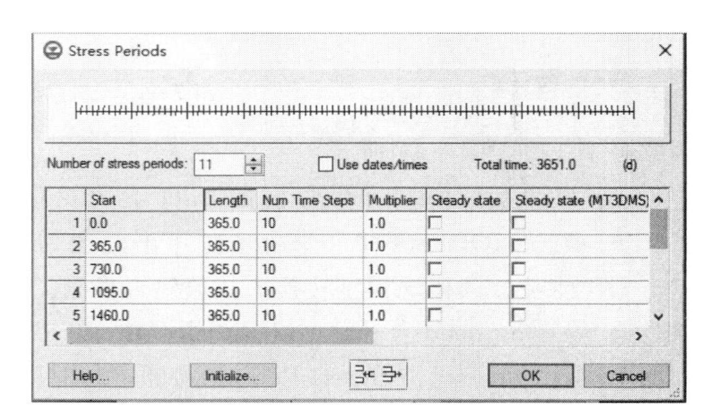

图 7-16　时间步长设置

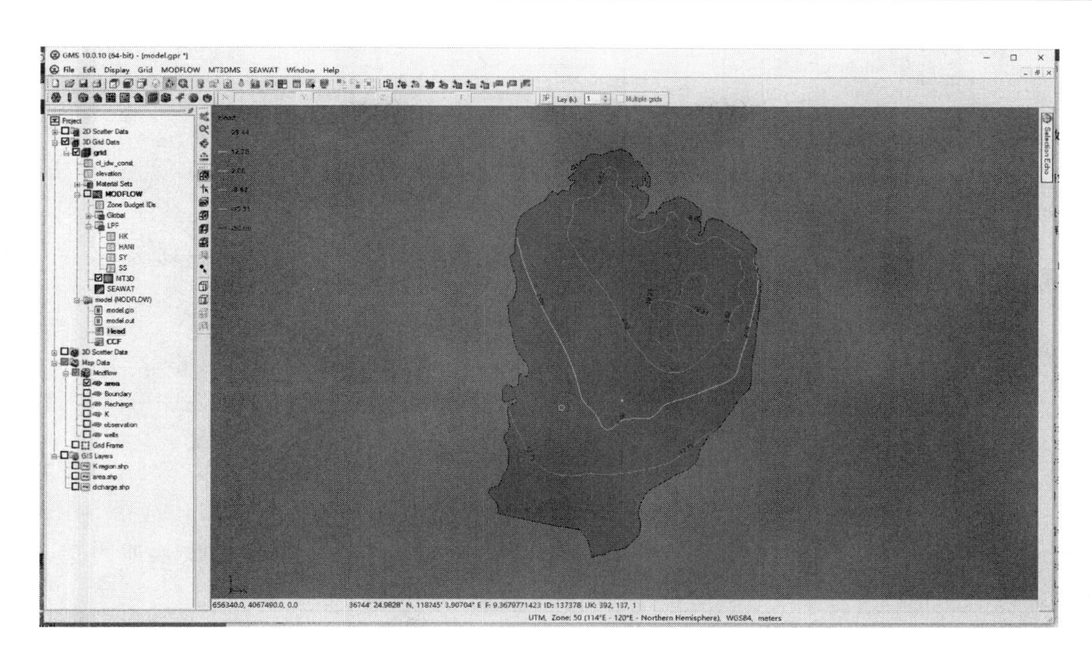

图 7-17　模型运算结果

（二）MT3DMS 模型的建立

（1）设置模型运算单位。选择运算完成的 MODFLOW 模型。选择 Edit | Units 命令，定义 Mass 为 kg，定义 Concentration 为 mg/L。

（2）初始化 MT3DMS 模型。在 3D Grid Data 中右击 grid，并选择 New MT3D 命令，如图 7-18 所示。点击 Stress periods 按钮，选择 initialize stress periods 对 MT3DMS 模拟时段进行初始化设置。点击 Output Control 按钮，选择 Print or save at specified times 选项，并根据需要设置输出控制参数。点击 Packages 按钮，选择 Advection package、Dispersion package 和 Source/Sink Mixing package 选项。最后点击 Define Species 选项，定义模拟组分名称。

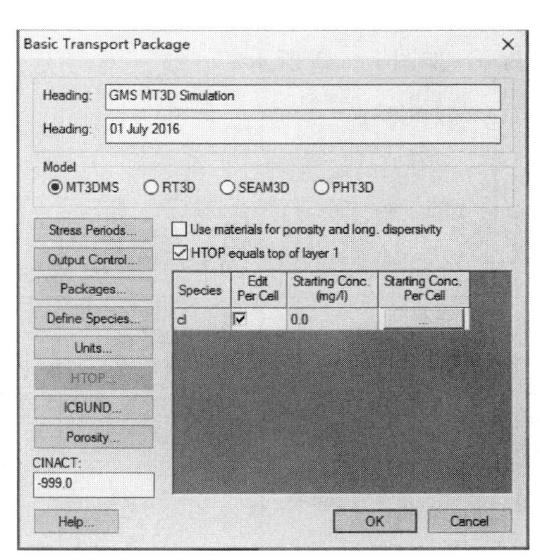

图 7-18　初始化 MT3DMS 参数设置

（3）设置含水层参数。右击 Map Data 下的 model，选择 Properties 选项，确保勾选 Transport 选项，并选择 MT3DMS 作为 Transport model。右击 Map Data 中的水文地质参数层 K，选择 Coverage Setup 命令，并在 Areal Properties 列表中勾选 Porosity 和 Long. disp. 选项。点击 K 层，并依次双击 K 层中的多边形，根据水文地质参数分区情况在 Attribute Table 中输入孔隙度和弥散度，如图 7-19 所示。

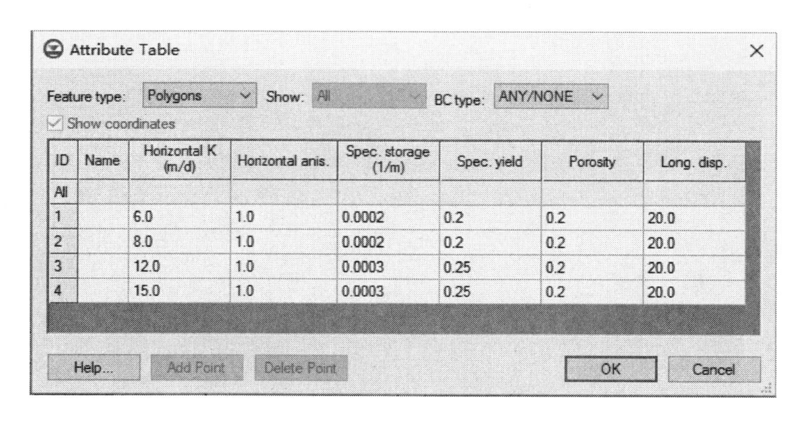

图 7－19　孔隙度和弥散度设置

（4）设置海水入侵浓度边界。点击 Map Data 中定义海水边界的图层，选择 Selected Arcs 工具，双击海岸线，将其类型定义为 Spec. conc.，并输入海水浓度，如图 7－20 所示。

（5）建立数值模拟模型。至此已定义了 MT3DMS 概念模型所需要的含水层参数和边界浓度。选择 Feature Objects | Map→MT3DMS 命令，在弹出的对话框中选择 All applicable coverages option 选项，将建立的概念模型转换为数值模型。

（6）设置弥散过程参数。前面步骤中已输入纵向弥散度，需要通过弥散组件以纵向弥散度倍数的形式输入横向弥散度和垂向弥散度。选择 MT3DMS | Dispersion Package 命令打开 Dispersion Package，将含水层 TRPT 值设置为 0.2，TRVT 值设置为 0.1，DMCOEF 设置为 0，如图 7－21 所示。

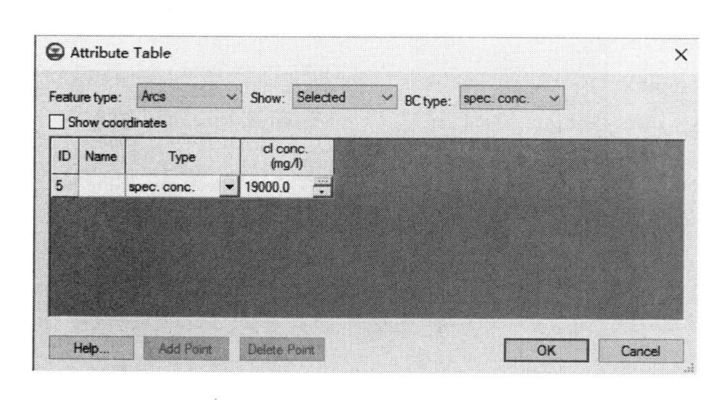

图 7－20　海水边界设置

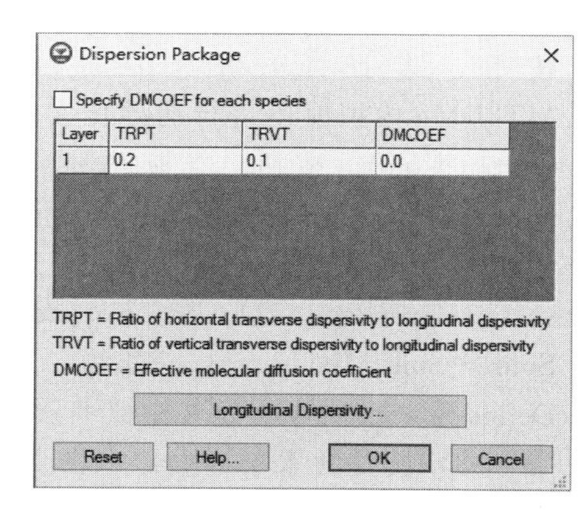

图 7－21　横向和垂向弥散系数设置界面

（7）运行模型并查看结果。选择 File | Save As 命令，选择模型需要保存的文件夹，对模型进行命名并保存。选择 MT3DMS | Run MT3DMS 命令，点击 Yes 运行模型。当模型运算完成后，关闭窗口返回 GMS 界面，运算结果将自动导入并在 GMS 界面上显示，如图 7－22 所示。

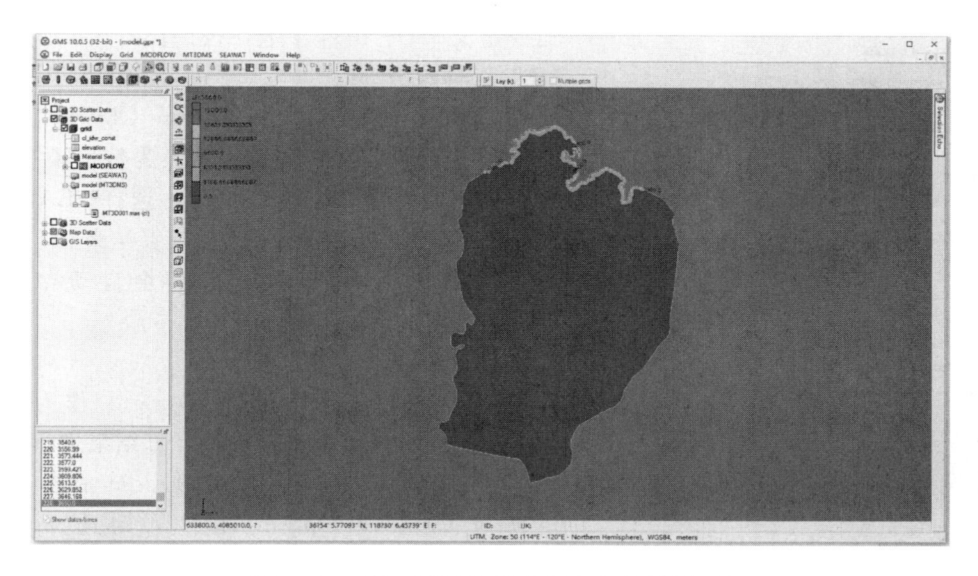

图 7-22　基于 MT3DMS 的海水入侵模拟结果

（三）SEAWAT 模型的建立

（1）设置 MODFLOW 模型参数。选择 MODFLOW | Global Options 命令，打开 Global Options 窗口，确保 Starting heads equal grid top elevation 选项未被勾选。点击 Starting Heads 按钮，点击 3D Data Set→Grid 按钮，将初始水头观测值赋值给模型，两次点击 OK 按钮退回至 Global Options 窗口。确保 Model type 中选择 Transient 选项，如图 7-23 所示。

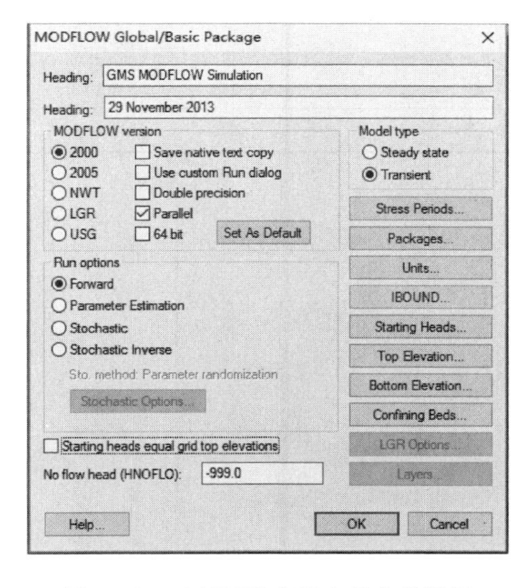

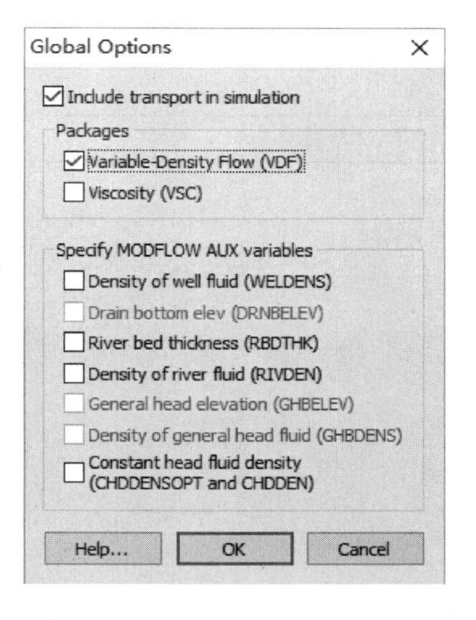

图 7-23　MODFLOW 全局参数设置　　　图 7-24　SEAWAT 全局变量设置

（2）初始化 SEAWAT 模型。右击 Project Explorer 中的 grid，在弹出的菜单中选择 New SEAWAT 命令，在弹出的 Global Options 对话框中勾选 Include transport in simulation 和 Variable-Density Flow 选项，如图 7-24 所示。选择 SEAWAT | VDF Package

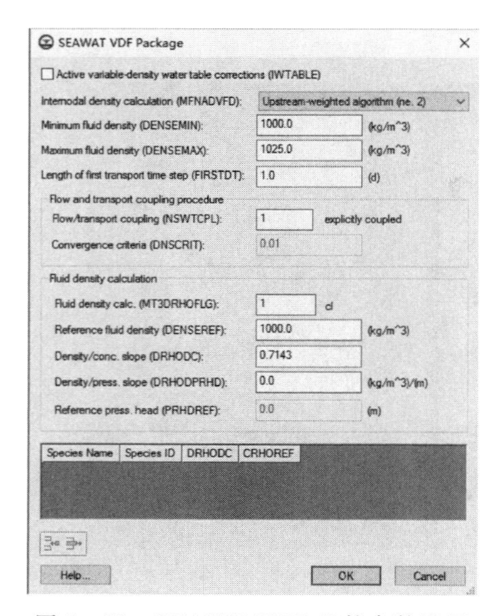

图 7-25　SEAWT VDF 组件参数设置

命令定义 VDF 组件参数，按照图7-25 所示设置VDF 组件参数。

（3）运行模型。选择 Feature Objects | Map→MT3DMS 命令，将概念模型转换为数值模拟模型，点击 OK 确认退出。保存模型，选择 SEAWAT | Run SEAWAT 命令运行模型。计算结束后，关闭窗口返回 GMS 界面，运算结果将会自动导入并在GMS 界面上显示。

四、结果显示与分析

将地下水 Cl^- 浓度超过 250mg/L 作为海水入侵的标志，根据该标准对模型计算结果进行显示设置：选择 Display | Contour Options 命令，打开 Dataset Contour Options 窗口，勾选 Specify a range，将最小值改为 0、最大值改为 500，并勾选 Fill below 和 Fill above 两个选项。在 Contour interval 中选择 Specified Values，并将色段设置为 6，按照图 7-26 所示修改 End Value 以便观察海水入侵情况，其中蓝色区域为未受海水入侵影响的区域。研究区模拟期为 1 年、5 年及 10 年时海水入侵结果见表 7-2、图 7-27～图 7-29。

表 7-2　研究区海水入侵情况统计

时间/年	入侵面积/km²	最大水平入侵距离/m
1	24.14	388.23
5	30.96	766.59
10	42.58	1169.21

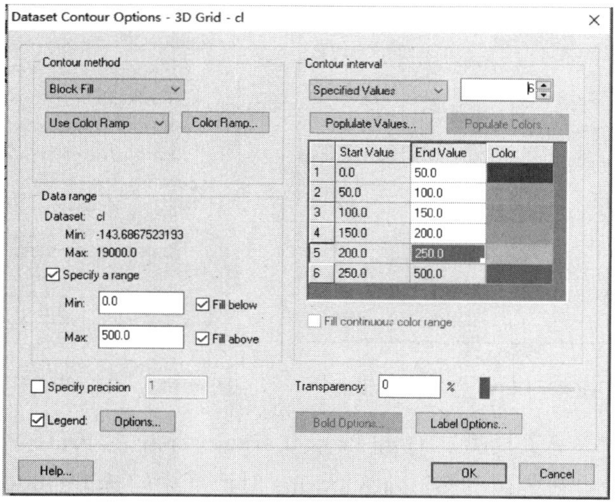

图 7-26　海水入侵等值线设置

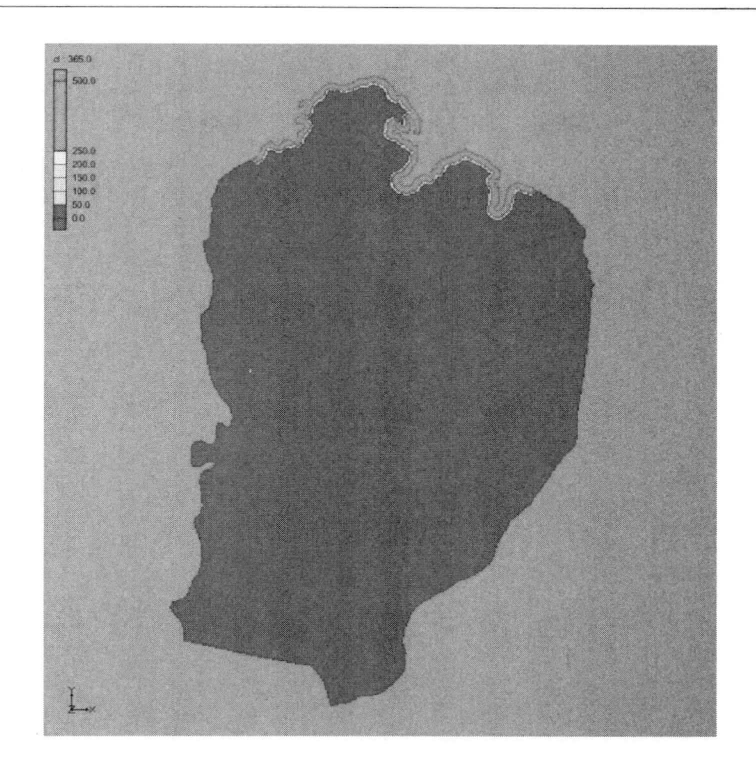

图 7-27　模拟期 1 年时研究区海水入侵分布图

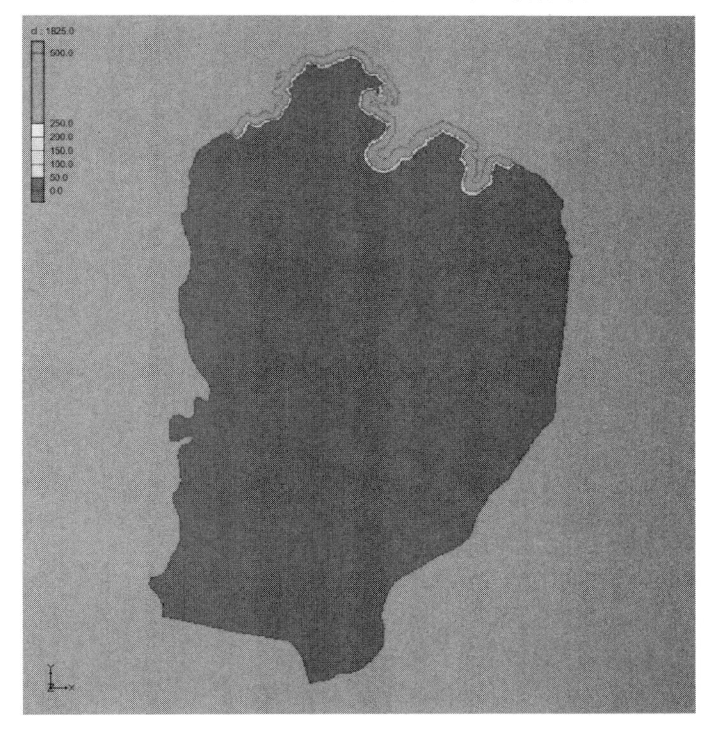

图 7-28　模拟期 5 年时研究区海水入侵分布图

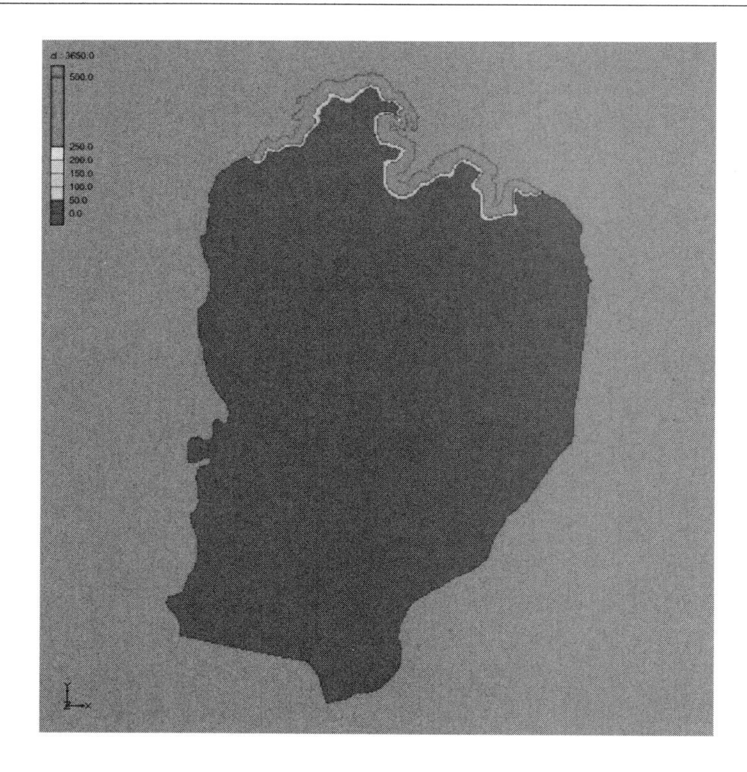

图 7 - 29　模拟期 10 年时研究区海水入侵分布图

参考文献

[1] 陈皓锐，高占义，王少丽，等．基于Modflow的潜水位对气候变化和人类活动改变的响应[J]．水利学报，2012，43(3)：344-353.

[2] 杜新强．地下水流数值模拟基础[M]．北京：中国水利水电出版社，2014：63-68.

[3] 贺国平，张彤，赵月芬，等．GMS数值建模方法研究综述[J]．地下水，2007，29(3)：32-35.

[4] 李平，卢文喜，马洪云，等．Visual MODFLOW在地下水数值模拟中的应用——以公主岭市黄龙工业园水源地为例[J]．工程勘察，2006(3)：24-27.

[5] 梁秀娟，林学钰，苏小四，等．GMS与苏锡常地区地下水流模拟[J]．人民长江，2005，36(11)：26-28.

[6] 林锦．变密度条件下地下水模拟优化研究[D]．杭州：浙江大学，2008.

[7] 邵景力，崔亚莉，赵云章，等．黄河下游影响带(河南段)三维地下水流数值模拟模型及其应用[J]．吉林大学学报：地球科学版，2003，33(1)：51-55.

[8] 邵景力，赵宗壮，崔亚莉，等．华北平原地下水流模拟及地下水资源评价[J]．资源科学，2009(3)：361-367.

[9] 施小清，姜蓓蕾．FEMWATER在地下水流数值模拟中运用[J]．工程勘察，2008(4)：27-32.

[10] 孙从军，韩振波，赵振，等．地下水数值模拟的研究与应用进展[J]．环境工程，2013，31(5)：9-13，17.

[11] 孙讷正．地下水流的数值模型和数学方法[M]．北京：地质出版社，1981.

[12] 王丹．地下水石油污染物运移的数值模拟[D]．青岛：青岛大学，2009.

[13] 王浩，陆垂裕，秦大庸，等．地下水数值计算与应用研究进展综述[J]．地学前缘，2010，17(6)：1-12.

[14] 薛禹群，吴吉春．地下水动力学[M]．3版．北京：地质出版社，2010.

[15] 薛禹群，谢春红．地下水数值模拟[M]．北京：科学出版社，2007.

[16] 薛禹群，谢春红．水文地质学的数值法[M]．北京：煤炭工业出版社，1980.

[17] 薛禹群．地下水动力学原理[M]．北京：地质出版社，1986.

[18] 张楠，梁秀娟，肖长来，等．吉林市城区地下水应急水源地水质风险预测[J]．节水灌溉，2012(6)：41-43.

[19] 张在勇，王文科，陈立，等．非饱和带有限分析数值模拟的误差分析[J]．水科学进展，2016，27(1)：70-80.

[20] 郑春苗，Bennett G D．地下水污染物迁移模拟[M]．2版．北京：高等教育出版社，2009.

[21] 中国地下水科学战略研究小组．中国地下水科学的机遇与挑战[M]．北京：科学出版社，2009.

[22] 祝晓彬，吴吉春，叶淑君，等．长江三角洲(长江以南)地区深层地下水三维数值模拟[J]．地理科学，2005，25(1)：68-73.

[23] 祝晓彬．地下水模拟系统(GMS)软件[J]．水文地质工程地质，2003，30(5)：53-55.

[24] Ayvaz M T. A linked simulation-optimization model for solving the unknown groundwater pollution source identification problems [J]. Journal of Contaminant Hydrology，2010，117(1)：46-59.

[25] Bair E S，Safreed C M，Stasny E A. A Monte Carlo-based approach for determining travel-time related capture zones of wells using convex hulls as confidence regions [J]. Ground Water，1991，

29 (6): 849 - 855.

[26] Beck M B. Water quality modeling: a review of the analysis of uncertainty [J]. Water Resource Research, 1987, 23 (8): 1393 - 1442.

[27] Beven K, Binley A. The future of distributed models: model calibration and uncertainty prediction [J]. Hydrological processes, 1992, 6 (3): 279 - 298.

[28] Brain P L T. A finite - difference method of high - order accuracy for the solution of three - dimensional transient heat conduction problems [J]. AIChE Journal, 1961, 1: 367 - 369.

[29] Buxton B E. Proc. Conf. Geostatistical, Sensitivity and Uncertainty Methods for Ground - water Flow and Radionuclide Transport Modeling [R]. Battelle Press, Columbus, OH. 1989.

[30] Carrera J. An overview of uncertainties in modeling groundwater solute transport [J]. Journal Contaminant Hydrology, 1993, 13: 23 - 48.

[31] Chaaban F, Darwishe H, Louche B, et al. Geographical information system approach for environmental management in coastal area (Hardelot - Plage, France) [J]. Environmental Earth Sciences, 2012, 65 (1): 183 - 193.

[32] Copty N K, Findikakis A N. Quantitative estimates of the uncertainty in the evaluation of ground water remediation schemes [J]. Ground Water, 2000, 38 (1): 29 - 37.

[33] Dagan G, Neuman S P. Subsurface flow and transport: A stochastic approach [M]. Cambridge: Cambridge University Press, 1997.

[34] de Marsily G, Combes P, Goblet P. Comment on "Geound - water models cannot be validated" by L. F. Konikow and J. D. Bredehoeft [J]. Advance Water Research, 1992, 15 (6): 367 - 369.

[35] Douglas J Jr. Alternating direction methods of nonlinear three space variables [J]. Numer. Math, 1962, 4: 41 - 63.

[36] Elsheikh A H, Wheeler M F, Hoteit I. An iterative stochastic ensemble method for parameter estimation of subsurface flow models [J]. Journal of Computational Physics, 2013, 242: 696 - 714.

[37] Field G, Tavrisov G, Brown C, et al. Particle Filters to Estimate Properties of Confined Aquifers [J]. Water Resources Management, 2016, 30 (9): 3175 - 3189.

[38] Freeze R A, Gorelick S M. Convergence of stochastic optimization and decision analysis in the engineering design of aquifer remediation [J]. Ground Water, 1999, 37 (6): 934 - 954.

[39] Freeze R A, James B, Massmann J, et al. Hydrogeologic decision analysis, 4: The concept of data worth and its use in the development of site investigation strategies [J]. Ground Water, 1992, 30 (4): 574 - 588.

[40] Freeze R A, Massmann J, Sperling J, et al. Hydrogeological decision analysis, 1: A framework [J]. Ground Water, 1990, 28 (5): 574 - 588.

[41] Froukh L J. Groundwater modelling in aquifers with highly karstic and heterogeneous characteristics (KHC) in Palestine [J]. Water Resources Management, 2002, 16 (5): 369 - 379.

[42] Gelar L W. Stochastic subsurface hydrology from theory to application [J]. Water Resource Research (Supplement), 1986, 22 (9): 135 - 145.

[43] Goodrich M T, McCord J T. Quantification of uncertainty in exposure assessments at hazardous waste sitea [J]. Ground Water, 1995, 33 (5): 727 - 732.

[44] Graham W, McLaughlin D. Stochastic analysis of nonstationary subsurface solute transport, 1. Unconditional moments [J]. Water Resource Research, 1989a, 25 (2): 215 - 232.

[45] Graham W, McLaughlin D. Stochastic analysis of nonstationary subsurface solute transport, 2. Conditional moments [J]. Water Resource Research, 1989b, 25 (2): 2331 - 2355.

[46] Gurwin J, Lubczynski M. Modeling of complex multi - aquifer systems for groundwater resources

evaluation - Swidnica study case (Poland) [J]. Hydrogeology Journal, 2005, 13 (4): 627 - 639.

[47] Haario H, Saksman E, Tamminen J. An adaptive Metropolis algorithm [J]. Bernoulli, 2001, 7 (2): 223 - 242.

[48] Haario H, Saksman E, Tamminen J. Componentwise adaptation for high dimensional MCMC [J]. Computational Statistics, 2005, 20 (2): 265 - 273.

[49] Haest P J, Lookman R, Van Keer I, et al. Containment of groundwater pollution (methyl tertiary butyl ether and benzene) to protect a drinking - water production site in Belgium [J]. Hydrogeology Journal, 2010, 18 (8): 1917 - 1925.

[50] Hamed M M, Bedient P B. On the performance of computational methods for the assessment of risk from ground water contamination [J]. Ground Water, 1997, 35 (4): 638 - 646.

[51] Harbaugh A W. MODFLOW - 2005, the US Geological Survey modular ground - water model: the ground - water flow process [M]. Reston, VA, USA: US Department of the Interior, US Geological Survey, 2005.

[52] Hastings W K. Monte Carlo sampling methods using Markov chains and their applications [J]. Biometrika, 1970, 57 (1): 97 - 109.

[53] Hill M C. Methods and guidelines for effective model calibration with application to: UCODE, a computer code for universal inverse modeling, and MODFLOWP, A computer code for inverse modeling with MODFLOW [R]. U. S. Geological Survey Water - Resources Investigations Report, 1998: 90, 98 - 4005.

[54] Jousma G, Bear J, Haimes Y Y, Walter F. Groundwater Contamination: Use of Models in Decision - Making [M]. Kluwer, Dordrecht, Netherlands, 1989: 656.

[55] Keeney R L, Raiffa H. Decisions with Multiple Objective, Preferences and Value Tradeoffs [M]. New York: Wiley, 1976: 569.

[56] Laloy E, Vrugt J A. High - dimensional posterior exploration of hydrologic models using multiple - try DREAM (ZS) and high - performance computing [J]. Water Resources Research, 2012, 48 (1): W01526.

[57] Langevin C D, Shoemaker W B, Guo W. MODFLOW - 2000, the US Geological Survey Modular Ground - Water Model - Documentation of the SEAWAT - 2000 Version with the Variable - Density Flow Process (VDF) and the Integrated MT3DMS Transport Process (IMT) [R]. U. S. Geological Survey Open - File Report 03 - 426, 2003.

[58] Lapidus L, Pinder G P. Numerical Solution of Partial Differential Equations in Science and Engineering [M]. John WileySons, 1982.

[59] LaVenue M, Andrews R W, Ramarao B S. Groundwater travel times uncertainty analysis using sensitivity derivatives [J]. Water Resource Research, 1989, 25 (7): 1551 - 1556.

[60] Lin H C J, Richards D R, Yeh G T, et al. FEMWATER: A Three - Dimensional Finite Element Computer Model for Simulating Density - Dependent Flow and Transport in Variably Saturated Media [R]. Army Engineer Waterways Experiment Station Vicksburg Ms Coastal Hydraulics Lab, 1997.

[61] Loague K M, Green R E, Giambelluca T W, et al. Impact of uncertainty in soil, climate and chemical information in a pesticide leaching assessment [J]. Journal of Contaminant Hydrology, 1990, 5 (2): 171 - 194.

[62] Marin C M, Medina M A J, Butcher J B. Monte Carlo analysis and Bayesian decision theory for assessing the effects of waste sites on groundwater: Theory [J]. Journal of Contaminant Hydrology, 1989, 5: 1 - 13.

[63] Massmann J, Freeze R A, Smith L, et al. Hydrogeological decisions analysis, 2: Applications to ground - water contamination [J]. Ground Water, 1991, 29 (4): 536 - 548.

[64] Medina A, Butcher J B, Marin C M. Monte Carlo analysis and Bayesian decision theory for assessing the effects of waste sites on groundwater, 2: Applications [J]. Journal of Contaminant Hydrology, 1989, 5: 15 - 31.

[65] Melching C S, Anmangandla S. Improved first - order uncertainty method for water - quality modeling [J]. Journal of Environment Engineering, 1992, 118 (5): 791 - 805.

[66] Morgan M G, Henrion M. Uncertainty, A Guide to Dealing with Uncertainty in Quantitative and Policy Analysis [M]. Cambridge University Press, Cambridge, UK, 1990.

[67] Neuman S P. Calibration of distributed parameter groundwater flow models viewed as a multiple - objective decision process under uncertainty [J]. Water Resource Research, 1973, 9 (4): 1006 - 1021.

[68] Panzeri M, Riva M, Guadagnini A, et al. Data assimilation and parameter estimation via ensemble Kalman filter coupled with stochastic moment equations of transient groundwater flow [J]. Water Resources Research, 2013, 49 (3): 1334 - 1344.

[69] Peaceman D W, Rachford H H. The numerical solution of parabolic and elliptic differential equations [J]. SIAM J. Appl. Math, 1955, 3: 28 - 41.

[70] Poeter E P, Hill M C. Documentation of UCODE, a computer code for universal inverse modeling [M]. U. S. Geological Survey open - file report 98 - 4080.

[71] Poeter E P, McKenna S A. Reducing uncertainty associated with groundwater flow and transport predictions [J]. Ground Water, 1995, 33 (6): 889 - 904.

[72] Raiffa H. Decision Analysis: Introductory Lecture on Choice under Uncertainty [M]. Addison - Wesley, Reading, MA, 1968.

[73] Reichard E G, Evans J S. Assessing the value of hydrogeologic information for risk - based remedial action decisions [J]. Water Resource Research, 1989, 5 (7): 1451 - 1460.

[74] Rojas R, Feyen L, Dassargues A. Conceptual model uncertainty in groundwater modeling: Combining generalized likelihood uncertainty estimation and Bayesian model averaging [J]. Water Resources Research, 2008, 44 (12): W12418.

[75] Rubin Y. Transport in heterogeneous media; prediction and uncertainty [J]. Water Resource Research, 1991, 27 (7): 1723 - 1738.

[76] Sadegh M, Vrugt J A. Approximate bayesian computation using Markov chain Monte Carlo simulation: DrREAM$_{(ABC)}$ [J]. Water Resources Research, 2014, 50 (8): 6767 - 6787.

[77] Shammas M I, Jacks G. Seawater intrusion in the Salalah plain aquifer, Oman [J]. Environmental Geology, 2007, 53 (3): 575 - 587.

[78] Sperling T, Freeze R A, Massmann J, et al. Hydrogeological decision analysis, 3: application to desigh of a ground - water control system at an open pit mine [J]. Ground Water, 1992, 22 (1): 77 - 88.

[79] Sposito G W, Jury W A, Gupta V K. Fundamental problems in the stochastic convection - dispersion model of solute transport in aquifers and field soils [J]. Water Resource Research, 1986, 22 (1): 77 - 88.

[80] Stauffer F, Kinzelbach W, Kovar K, et al. Calibration and Reliability in Groundwater Modeling, Copying with Uncertainty [M]. IAHS Publication No. 265, Int. Associ, 9Hydrol. Sci, 1999.

[81] Ter Braak C J F, Vrugt J A. Differential evolution Markov chain with snooker updater and fewer chains [J]. Statistics and Computing, 2008, 18 (4): 435 - 446.

[82] Vrugt J A, Ter Braak C J F, Clark M P, et al. Treatment of input uncertainty in hydrologic model-

ing: Doing hydrology backward with Markov chain Monte Carlo simulation [J]. Water Resources Research, 2008, 44 (12): W00B09.

[83] Vrugt J A, Ter Braak C J F. DREAM (D): an adaptive Markov Chain Monte Carlo simulation algorithm to solve discrete, noncontinuous and combinatorial posterior parameter estimation problems [J]. Hydrology and Earth System Sciences, 2011, 15 (12): 3701-3713.

[84] Wanger B J, Gorelick S M. Optimal groundwater quality management under parameter uncertainty [J]. Water Resource Research, 1987, 23 (7): 1162-1174.

[85] Wanger B J, Gorelick S M. Reliable aquifer remediation in the presence of spatially variable hydraulic conductivity: from data to design [J]. Water Resource Research, 1989, 25 (10): 2211-2225.

[86] Woldt W, Bogardi I, Kelly W E, et al. Evaluation of uncertainty in a three-dimensional groundwater contamination plume [J]. Journal of Contaminant Hydrology, 1992, 9: 271-288.

[87] Yeh G T. Computational Subsurface hydrology [M]. Kluwer Academic Publishers, 1999.

[88] Yeh William W G. Review of parameter identification procedures in groundwater hydrology: The inverse problem [J]. Water Resource Research, 1986, 22 (2): 95-108.

[89] Yoon H, Hart D B, McKenna S A. Parameter estimation and predictive uncertainty in stochastic inverse modeling of groundwater flow: Comparing null-space Monte Carlo and multiple starting point methods [J]. Water Resources Research, 2013, 49 (1): 536-553.

[90] Yoon Y S, Yeh W W G. Parameter identification procedures in an inhomogeneous medium with finite element method [J]. Society of Petroleum Engineers Journal, 1976, 18 (4): 217-226.

[91] Zhang D, Neuman S P. Eulerin-Lagrangian analysis of transport conditioned on hydraulic data: 1. Analytical-numerical approach [J]. Water Resource Research, 1995, 31 (1): 39-51.

[92] Zheng C, Wang P P. MT3DMS: A modular three-dimensional multispecies transport model for simulation of advection, dispersion and chemical reactions of contaminants in ground-water systems; documentation and user's guide [R]. Vicksburg, Mississippi: U. S. Army Corps of Engineers Contract Report SERDP-99-1, 1999.

[93] Zheng C, Bennett G D. Applied Contaminant Transport Modeling (Second edition) [M]. New York: Wiley Inter-science, 2002.

[94] Zheng, C. MT3D: A modular three-dimensional transport model for simulation of advection, dispersion and chemical reactions of contaminants in groundwater systems [M]. Report to the Kerr Environmental Research Laboratory, U. S. Environmental Protection Agency, Ada, Okla, 1990.

[95] Zhu J, Yeh T C J. Characterization of aquifer heterogeneity using transient hydraulic tomography [J]. Water Resources Research, 2005, 41 (7): W07028.